ベクトル 短期学習ノート

　本書は，数学C「ベクトル」の内容を短期間で学習するための問題集です。値を求める問題を中心に解くことにより，効率的に基本事項を確認，定着できるように編修しました。

●本書の構成

ま と め　各項目について，定義，性質などをまとめました。

チェック　各項目における代表的な問題です。数値の穴埋め，用語の選択を中心にしました。また，解法の手順を **ポイント** で示しました。

問　題　**チェック** と同じレベルを中心にした典型的な問題です。

チャレンジ問題　共通テスト・センター試験の過去問から，代表的な問題を精選しました。本書の内容を一通り学んだあとの確認や，大学入学共通テスト対策に活用してください。

目　次

JN070877

1　ベクトルの加法・減法・実数倍

1　ベクトル

向きと大きさをもつ量。図1のような場合，$\overrightarrow{AB}$ とかく。
また，1つの文字を用いて $\vec{a}$，$\vec{b}$ などと表すこともある。
$\overrightarrow{AB}$ の大きさは $|\overrightarrow{AB}|$ で表す。

図1

2　ベクトルの相等・逆ベクトル

図2のように，2つのベクトル $\vec{a}$ と $\vec{b}$ の向きが同じ
で大きさも等しいとき，$\vec{a}$ と $\vec{b}$ は **等しい** という。
図3のように，$\vec{a}$ と向きが反対で大きさが等しい
ベクトルを $\vec{a}$ の **逆ベクトル** といい，$-\vec{a}$ で表す。

$$\overrightarrow{BA} = -\overrightarrow{AB}$$

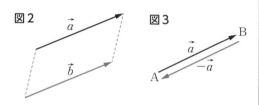
図2　図3

3　ベクトルの加法・減法

加法　$\overrightarrow{AB} + \overrightarrow{BC} = \overrightarrow{AC}$　（図4）
減法　$\overrightarrow{OA} - \overrightarrow{OB} = \overrightarrow{BA}$　（図5）

ベクトルの加法・減法では，

交換法則　$\vec{a} + \vec{b} = \vec{b} + \vec{a}$
結合法則　$(\vec{a} + \vec{b}) + \vec{c} = \vec{a} + (\vec{b} + \vec{c})$

が成り立つ。

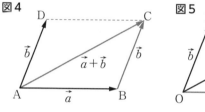
図4
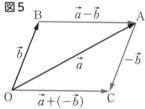
図5

4　零ベクトル

大きさが0のベクトル。$\vec{0}$ で表す。向きは考えない。　$\vec{a} + (-\vec{a}) = \vec{0}$，$\vec{a} + \vec{0} = \vec{a}$

5　ベクトルの実数倍

$\vec{a} \neq \vec{0}$ のとき　　$k > 0$ ならば，$k\vec{a}$ は $\vec{a}$ と同じ向きで大きさが $|\vec{a}|$ の k 倍
　　　　　　　　　$k < 0$ ならば，$k\vec{a}$ は $\vec{a}$ と逆の向きで大きさが $|\vec{a}|$ の $|k|$ 倍
　　　　　　　　　$k = 0$ ならば，$k\vec{a} = 0\vec{a} = \vec{0}$
$\vec{a} = \vec{0}$ のとき　　任意の k について $k\vec{a} = k\vec{0} = \vec{0}$

k，l を実数とするとき　　① $k(l\vec{a}) = (kl)\vec{a}$，　② $(k+l)\vec{a} = k\vec{a} + l\vec{a}$，　③ $k(\vec{a} + \vec{b}) = k\vec{a} + k\vec{b}$

チェック1

右の図のように与えられた2つのベクトル
$\vec{a}$，$\vec{b}$ について，次のベクトルを図示せよ。
ただし，(2)については空欄も埋めよ。　類2,3
(1)　$\vec{a} + \vec{b}$　　　　(2)　$\vec{a} + \vec{b} - 2(\vec{a} - \vec{b})$

解答　(2)　$\vec{a} + \vec{b} - 2(\vec{a} - \vec{b})$
　　　　　$= \vec{a} + \vec{b} - 2\vec{a} + 2\vec{b}$
　　　　　$= (1-2)\vec{a} + (1+2)\vec{b}$
　　　　　$= \boxed{}^{ア}\vec{a} + \boxed{}^{イ}\vec{b}$

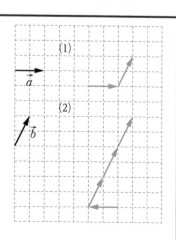
(1)
(2)

1 右の図において，次のようなベクトルの組をすべて求めよ。

(1) 等しいベクトル

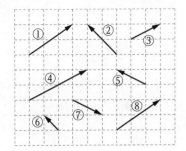

(2) 互いに逆ベクトル

(3) 大きさが等しいベクトル

2 右の図のベクトル $\vec{a}$, $\vec{b}$ について，
$2\vec{a} + \vec{b}$ および $\vec{a} - 3\vec{b}$ を図示せよ。

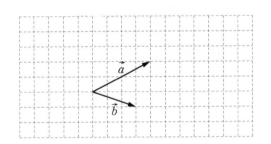

3 次の計算をせよ。

(1) $2\vec{a} + \vec{b} + 4\vec{a} - 2\vec{b}$

(2) $(3\vec{a} + \vec{b}) - 3(\vec{a} - 2\vec{b})$

(3) $\dfrac{1}{2}(3\vec{a} - \vec{b}) - \dfrac{1}{3}(\vec{a} + \vec{b})$

2 ベクトルの平行・分解

1 ベクトルの平行

$\vec{a} \neq \vec{0}$, $\vec{b} \neq \vec{0}$ のとき

$\vec{a} /\!/ \vec{b} \iff \vec{b} = k\vec{a}$ となる実数 k が存在

2 単位ベクトル

大きさが1のベクトル。

$\vec{a}$ と平行な単位ベクトルは $\dfrac{\vec{a}}{|\vec{a}|}$ と $-\dfrac{\vec{a}}{|\vec{a}|}$

3 ベクトルの分解

$\vec{a} \neq \vec{0}$, $\vec{b} \neq \vec{0}$ で $\vec{a}$, $\vec{b}$ が平行でないとき, どのようなベクトル $\vec{p}$ でも実数 s, t を用いて, $\vec{p} = s\vec{a} + t\vec{b}$ の形にただ1通りに表せる。

参考 $\vec{a} \neq \vec{0}$, $\vec{b} \neq \vec{0}$ で $\vec{a}$, $\vec{b}$ が平行でないとき, $\vec{a}$, $\vec{b}$ は1次独立であるという。

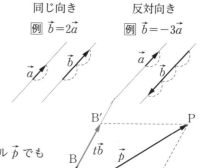

$k > 0$ のとき 同じ向き 例 $\vec{b} = 2\vec{a}$

$k < 0$ のとき 反対向き 例 $\vec{b} = -3\vec{a}$

チェック 2

1辺の長さが6の正六角形 ABCDEF において, 対角線の交点を O, 辺 CD を 2:1 に内分する点を P, 辺 EF を 1:2 に内分する点を Q とする。$\overrightarrow{AB} = \vec{a}$, $\overrightarrow{AF} = \vec{b}$ とするとき, 次の問いに答えよ。 類 4, 5

(1) $\vec{a}$ と平行で大きさが3のベクトルを, $\vec{a}$ を用いて表せ。

(2) $\overrightarrow{AO}$ を $\vec{a}$, $\vec{b}$ を用いて表せ。

(3) $\overrightarrow{AB} /\!/ \overrightarrow{PQ}$ であることを示せ。

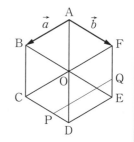

ポイント (3) $\overrightarrow{PQ} = k\overrightarrow{AB}$ を示せばよいから, まずは $\overrightarrow{PQ}$ を $\vec{a}$, $\vec{b}$ で表すことを考える。

解答 (1) $|\vec{a}| = 6$ より, $\vec{a}$ と平行な単位ベクトルは ⁷$\boxed{}$ $\vec{a}$

$\vec{a}$ と平行で大きさが3のベクトルは ⁴$\boxed{}$ $\vec{a}$

(2) $\overrightarrow{AO} = \overrightarrow{AB} + \overrightarrow{BO} = \overrightarrow{AB} + \overrightarrow{AF} =$ ⁹$\boxed{}$

(3) $\overrightarrow{PQ} = \overrightarrow{PD} + \overrightarrow{DE} + \overrightarrow{EQ} = \dfrac{1}{3}\overrightarrow{CD} + \overrightarrow{DE} + \dfrac{1}{3}\overrightarrow{EF}$

ここで

$\overrightarrow{CD} =$ ᵀ$\boxed{}$, $\overrightarrow{DE} =$ ᵗ$\boxed{}$, $\overrightarrow{EF} =$ ᶜ$\boxed{}$

であるから

$\overrightarrow{PQ} =$ ᵏ$\boxed{}$ $\vec{a} =$ ᵏ$\boxed{}$ $\overrightarrow{AB}$

よって $\overrightarrow{AB} /\!/ \overrightarrow{PQ}$ (終)

ウ・エ・オ・カの語群

$\vec{a}$	$-\vec{a}$	$\vec{a}+\vec{b}$	$-\vec{a}+\vec{b}$
$\vec{b}$	$-\vec{b}$	$\vec{a}-\vec{b}$	$-\vec{a}-\vec{b}$

4 $|\vec{a}| = 5$ のとき，$\vec{a}$ を用いて次のベクトルを表せ。

(1) $\vec{a}$ と平行な単位ベクトル　　　　　　(2) $\vec{a}$ と反対向きで大きさが 3 のベクトル

5 正六角形 ABCDEF において，対角線の交点を O，
辺 BC の中点を M，辺 DE の中点を N とする。
$\overrightarrow{AB} = \vec{a}$，$\overrightarrow{AF} = \vec{b}$ とするとき，次の問いに答えよ。

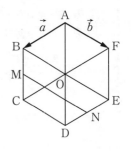

(1) 次のベクトルを $\vec{a}$, $\vec{b}$ で表せ。

　① $\overrightarrow{AO}$　　　　　　　　② $\overrightarrow{AC}$

　③ $\overrightarrow{BD}$　　　　　　　　④ $\overrightarrow{EC}$

(2) $\overrightarrow{AF}$ ∥ $\overrightarrow{MN}$ であることを示せ。

6 平行四辺形 ABCD において，辺 BC の中点を M とし，
$\overrightarrow{AB} = \vec{b}$，$\overrightarrow{AD} = \vec{d}$ とするとき，次のベクトルを $\vec{b}$, $\vec{d}$ で表せ。

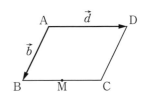

(1) $\overrightarrow{BD}$

(2) $\overrightarrow{AM}$　　　　　　　　　　　(3) $\overrightarrow{DM}$

3 ベクトルの成分

1 ベクトルの成分表示

基本ベクトル 座標平面上で x 軸, y 軸の正の向きと同じ向きの単位ベクトル $\vec{e_1}$, $\vec{e_2}$

ベクトルの成分表示

座標平面上のベクトル $\vec{a}$ に対して,

$\vec{a} = \overrightarrow{OA}$ である点 A の座標が $A(a_1, a_2)$ のとき

$\vec{a} = a_1\vec{e_1} + a_2\vec{e_2}$ と表せる。

また, 成分を用いて $\vec{a} = (a_1, a_2)$ と表すこともできる。

とくに, 基本ベクトルは $\vec{e_1} = (1, 0)$, $\vec{e_2} = (0, 1)$

ベクトルの相等 $\vec{a} = (a_1, a_2)$, $\vec{b} = (b_1, b_2)$ のとき

$\vec{a} = \vec{b} \iff a_1 = b_1, a_2 = b_2$

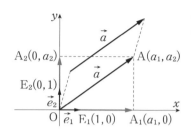

2 ベクトルの大きさ

$\vec{a} = (a_1, a_2)$ のとき $|\vec{a}| = \sqrt{a_1^2 + a_2^2}$

3 成分による演算

$(a_1, a_2) + (b_1, b_2) = (a_1+b_1, a_2+b_2)$, $(a_1, a_2) - (b_1, b_2) = (a_1-b_1, a_2-b_2)$

$k(a_1, a_2) = (ka_1, ka_2)$ ただし, k は実数

チェック 3

$\vec{a} = (2, -3)$, $\vec{b} = (-1, 3)$ のとき, 次の等式を満たす $\vec{x}$ を成分で表せ。

また, $\vec{x}$ の大きさを求めよ。

(1) $\vec{x} = 3\vec{a} + 2\vec{b}$ 　類7

(2) $3(\vec{x} - \vec{b}) = -2\vec{a} + 3\vec{b} + \vec{x}$ 　類8

解答 (1) $\vec{x} = 3\vec{a} + 2\vec{b} = 3(2, -3) + 2(-1, 3)$

$= (6, -9) + (-2, 6)$

$= \left({}^{\mathcal{P}}\boxed{}, {}^{\mathcal{イ}}\boxed{} \right)$

$|\vec{x}| = \sqrt{{}^{\mathcal{ウ}}\boxed{}^2 + \left({}^{\mathcal{エ}}\boxed{}\right)^2} = {}^{\mathcal{オ}}\boxed{}$

(2) $3(\vec{x} - \vec{b}) = -2\vec{a} + 3\vec{b} + \vec{x}$

整理すると $2\vec{x} = -2\vec{a} + 6\vec{b}$

よって $\vec{x} = -\vec{a} + 3\vec{b} = -(2, -3) + 3(-1, 3)$

$= (-2, 3) + (-3, 9)$

$= \left({}^{\mathcal{カ}}\boxed{}, {}^{\mathcal{キ}}\boxed{} \right)$

$|\vec{x}| = \sqrt{\left({}^{\mathcal{ク}}\boxed{}\right)^2 + {}^{\mathcal{ケ}}\boxed{}^2} = {}^{\mathcal{コ}}\boxed{}$

7 右の図のような $\vec{a}$, $\vec{b}$ のとき，次のベクトルを成分表示せよ。
また，大きさを求めよ。

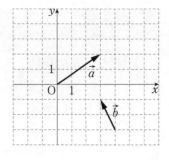

(1) $2\vec{a}$ (2) $-3\vec{b}$

(3) $\vec{a} + 2\vec{b}$ (4) $-3\vec{a} + \vec{b}$

8 $\vec{a} = (2, -1)$, $\vec{b} = (-1, 1)$ のとき，等式 $2(\vec{x} + 5\vec{b}) = 3\vec{a} + 4\vec{b} - \vec{x}$ を満たす $\vec{x}$ の成分
と大きさを求めよ。

9 $2\vec{a} + \vec{b} = (5, 12)$, $\vec{a} - 2\vec{b} = (-15, 1)$ を満たす $\vec{a}$, $\vec{b}$ をそれぞれ成分表示せよ。

4 ベクトルの成分と平行・分解

1 ベクトルの平行

$\vec{a} = (a_1, a_2)$, $\vec{b} = (b_1, b_2)$ のとき $\vec{a} /\!/ \vec{b} \iff (b_1, b_2) = k(a_1, a_2)$ となる実数 k が存在

2 ベクトルの分解

$\vec{a} \neq \vec{0}$, $\vec{b} \neq \vec{0}$ で $\vec{a}$, $\vec{b}$ が平行でないとき，任意のベクトル $\vec{p}$ は実数 s, t を用いて

$\vec{p} = s\vec{a} + t\vec{b}$ （成分表示では $\vec{p} = s(a_1, a_2) + t(b_1, b_2)$）

の形にただ1通りに表すことができる。

3 $\overrightarrow{AB}$ の成分と大きさ

2点 $A(a_1, a_2)$, $B(b_1, b_2)$ について

$\overrightarrow{AB} = (b_1 - a_1, b_2 - a_2)$, $|\overrightarrow{AB}| = \sqrt{(b_1 - a_1)^2 + (b_2 - a_2)^2}$

チェック4

(1) $\vec{a} = (-4, 2)$, $\vec{b} = (2, x)$ とするとき，$2\vec{a} - \vec{b}$ と $\vec{a} + \vec{b}$ が平行になるように x の値を定めよ。 類 11

(2) $\vec{a} = (-3, 2)$, $\vec{b} = (2, -1)$ のとき，$\vec{p} = (3, -1)$ を $s\vec{a} + t\vec{b}$ （s, t は実数）の形で表せ。 類 12

(3) 3点を $A(3, 1)$, $B(-2, -1)$, $C(2, 1)$ とするとき，$\overrightarrow{AC}$, $\overrightarrow{BC}$ を成分で表せ。また，それぞれの大きさを求めよ。 類 13

解答 (1) $2\vec{a} - \vec{b} = (-10, 4-x)$, $\vec{a} + \vec{b} = (-2, 2+x)$

よって，$(-10, 4-x) = k(-2, 2+x)$ を満たす実数 k が存在する。

成分を比較して $\begin{cases} -10 = -2k & \cdots① \\ 4 - x = k(2+x) & \cdots② \end{cases}$

①より $k = $ ⁷[____]，②より $x = $ ⁱ[____]

(2) $(3, -1) = s(-3, 2) + t(2, -1)$ となるから，成分を比較して

$\begin{cases} 3 = -3s + 2t & \cdots① \\ -1 = 2s - t & \cdots② \end{cases}$

①+②×2 より $s = $ ⁿ[____]，②より $t = $ ᵉ[____]

よって $\vec{p} = $ ⁿ[____] $\vec{a} + $ ᵉ[____] $\vec{b}$

(3) $\overrightarrow{AC} = (2-3, 1-1) = ($ ᵒ[____] , ᵏ[____] $)$

$\overrightarrow{BC} = (2-(-2), 1-(-1)) = ($ ᵏ[____] , ᵏ[____] $)$

また $|\overrightarrow{AC}| = $ ᵏ[____] ，$|\overrightarrow{BC}| = $ ᵏ[____]

10 $\vec{a} = (3, -2)$ のとき，次のベクトルを成分で表せ。

    (1) $\vec{a}$ と同じ向きの単位ベクトル   (2) $\vec{a}$ と逆向きで大きさが $\sqrt{26}$ のベクトル

11 $\vec{a} = (2, 1)$, $\vec{b} = (-1, 1)$, $\vec{c} = (3, -2)$ のとき，次の問いに答えよ。

    (1) $\vec{a} + t\vec{b}$ と $\vec{c}$ が平行になるときの t の値を求めよ。

    (2) $\vec{a} + t\vec{b}$ の大きさが $\sqrt{17}$ となるときの t の値を求めよ。

    (3) $\vec{a} + t\vec{b}$ の大きさの最小値と，そのときの t の値を求めよ。

12 $\vec{a} = (3, -1)$, $\vec{b} = (2, 3)$ とするとき，$\vec{p} = (5, -9)$ を $\vec{a}$, $\vec{b}$ で表せ。

13 3点を A$(-2, 1)$, B$(2, 0)$, C$(-3, -1)$ とするとき，$\overrightarrow{AB}$, $\overrightarrow{CA}$ を成分で表せ。また，それぞれの大きさを求めよ。

5 ベクトルの内積

1 ベクトルの内積

$\vec{0}$ でない 2 つのベクトル $\vec{a}$, $\vec{b}$ について, 点 O を始点として
$\vec{a} = \overrightarrow{OA}$, $\vec{b} = \overrightarrow{OB}$ とするとき, $\angle AOB$ を $\vec{a}$ と $\vec{b}$ のなす角という。
$\vec{a}$ と $\vec{b}$ のなす角を θ $(0° \le \theta \le 180°)$ とするとき, $\vec{a}$ と $\vec{b}$ の内積は
$\quad \vec{a} \cdot \vec{b} = |\vec{a}||\vec{b}|\cos\theta$
注 $\vec{a} = \vec{0}$ または $\vec{b} = \vec{0}$ のときは, $\vec{a} \cdot \vec{b} = 0$ と定める。

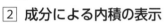

2 成分による内積の表示

$\vec{a} = (a_1,\ a_2)$, $\vec{b} = (b_1,\ b_2)$ とすると $\quad \vec{a} \cdot \vec{b} = a_1 b_1 + a_2 b_2$

3 ベクトルのなす角の余弦

$\cos\theta = \dfrac{\vec{a} \cdot \vec{b}}{|\vec{a}||\vec{b}|} = \dfrac{a_1 b_1 + a_2 b_2}{\sqrt{a_1{}^2 + a_2{}^2}\sqrt{b_1{}^2 + b_2{}^2}} \quad \leftarrow \vec{a} \cdot \vec{b} = |\vec{a}||\vec{b}|\cos\theta$ を変形

4 ベクトルの垂直と内積

$\vec{a} \ne \vec{0}$, $\vec{b} \ne \vec{0}$ のとき $\quad \vec{a} \perp \vec{b} \iff \vec{a} \cdot \vec{b} = 0 \iff a_1 b_1 + a_2 b_2 = 0$

チェック 5

(1) 右の図の直角三角形 ABC において,
$\overrightarrow{AB} \cdot \overrightarrow{BC}$ を求めよ。 類 14

(2) $\vec{a} = (-1,\ 2)$, $\vec{b} = (1,\ 3)$ とするとき, $\vec{a} \cdot \vec{b}$ および
2 つのベクトル $\vec{a}$, $\vec{b}$ のなす角 θ を求めよ。 類 15

(3) $\vec{a} = (-1,\ 2)$ について, $\vec{a}$ に垂直な単位ベクトル $\vec{e}$ を求めよ。 類 16

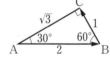

ポイント 2 つのベクトルのなす角を考えるときは, 必ずその 2 つのベクトルの始点を揃えて考える。

解答 (1) $\overrightarrow{AB}$ と $\overrightarrow{BC}$ のなす角は 120° であるから

$$\overrightarrow{AB} \cdot \overrightarrow{BC} = 2 \times 1 \times \cos 120° = \boxed{}^{ア}$$

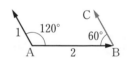

(2) $\vec{a} \cdot \vec{b} = (-1) \times 1 + 2 \times 3 = \boxed{}^{イ}$

また, $|\vec{a}| = \sqrt{(-1)^2 + 2^2} = \sqrt{5}$, $|\vec{b}| = \sqrt{1^2 + 3^2} = \sqrt{10}$ より

$$\cos\theta = \frac{\vec{a} \cdot \vec{b}}{|\vec{a}||\vec{b}|} = \boxed{}^{ウ}$$

$0° \le \theta \le 180°$ であるから $\quad \theta = \boxed{}^{エ}$

(3) $\vec{e} = (x,\ y)$ とすると, $\vec{a} \perp \vec{e}$ より $\quad \vec{a} \cdot \vec{e} = 0$

よって $\quad -x + 2y = 0 \quad \cdots ①$

$|\vec{e}| = 1$ より $\quad x^2 + y^2 = 1 \quad \cdots ②$

①, ②より, 求める $\vec{e}$ は $\left(^{オ}\boxed{,\ }\right)$ または $\left(^{カ}\boxed{,\ }\right)$

14 一辺の長さが 2 の正三角形 ABC において，BC の中点を M とするとき，次の値を求めよ。

(1) $\overrightarrow{AB}\cdot\overrightarrow{AM}$

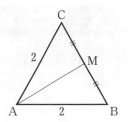

(2) $\overrightarrow{AM}\cdot\overrightarrow{BC}$ (3) $\overrightarrow{AM}\cdot\overrightarrow{CA}$

15 次のベクトル $\vec{a}$, $\vec{b}$ のなす角 θ を求めよ。ただし，$0° \leqq \theta \leqq 180°$ とする。

(1) $\vec{a} = (1,\ \sqrt{3}\,),\ \vec{b} = (\sqrt{3}\,,\ 1)$ (2) $\vec{a} = (2,\ 1),\ \vec{b} = (-3,\ 1)$

16 $\vec{a} = (-4,\ 2),\ \vec{b} = (2,\ x)$ とするとき，$\vec{a}$ と $\vec{a} - 2\vec{b}$ が垂直となる x の値を求めよ。

17 ベクトル $\vec{a} = (1,\ \sqrt{3}\,)$ とのなす角が $60°$ である単位ベクトル $\vec{e}$ を求めよ。

6　内積の性質

① 内積の性質

$\vec{a} \cdot \vec{b} = \vec{b} \cdot \vec{a}$

$\vec{a} \cdot (\vec{b} + \vec{c}) = \vec{a} \cdot \vec{b} + \vec{a} \cdot \vec{c}$,　$(\vec{a} + \vec{b}) \cdot \vec{c} = \vec{a} \cdot \vec{c} + \vec{b} \cdot \vec{c}$

$(k\vec{a}) \cdot \vec{b} = \vec{a} \cdot (k\vec{b}) = k(\vec{a} \cdot \vec{b})$　　ただし，k は実数

$\vec{a} \cdot \vec{a} = |\vec{a}|^2$

チェック 6

(1)　$|\vec{a}| = 2$，$|\vec{b}| = 3$，$\vec{a} \cdot \vec{b} = -1$ のとき，$|\vec{a} + 2\vec{b}|$ の値を求めよ。　　類 18

(2)　3点 O$(0,\ 0)$，A$(1,\ -3)$，B$(-1,\ 2)$ について，$\angle \text{AOB} = \theta$ とするとき，
　　 $\cos\theta$ の値を求めよ。　　類 19

ポイント　(1)　$|\vec{a} + 2\vec{b}|$ の値を直接求めることはできないが，内積の性質を用いれば，$|\vec{a} + 2\vec{b}|^2$ の値を
　　求めることはできる。

解答　(1)　$|\vec{a} + 2\vec{b}|^2 = (\vec{a} + 2\vec{b}) \cdot (\vec{a} + 2\vec{b})$

　　　　　　　　　　$= |\vec{a}|^2 + 4\vec{a} \cdot \vec{b} + 4|\vec{b}|^2$

　　　　　　　　　　$= 2^2 + 4 \times (-1) + 4 \times 3^2 =$ ア$\boxed{}$

　　　ここで，$|\vec{a} + 2\vec{b}| \geqq 0$ であるから

　　　$|\vec{a} + 2\vec{b}| =$ イ$\boxed{}$

　　(2)　$\overrightarrow{\text{OA}} = (1,\ -3)$，$\overrightarrow{\text{OB}} = (-1,\ 2)$ であるから

　　　　$\overrightarrow{\text{OA}} \cdot \overrightarrow{\text{OB}} = 1 \times (-1) + (-3) \times 2 = -7$

　　　　$|\overrightarrow{\text{OA}}| = \sqrt{1^2 + (-3)^2} = \sqrt{10}$

　　　　$|\overrightarrow{\text{OB}}| = \sqrt{(-1)^2 + 2^2} = \sqrt{5}$

　　　よって　$\cos\theta = \dfrac{\overrightarrow{\text{OA}} \cdot \overrightarrow{\text{OB}}}{|\overrightarrow{\text{OA}}||\overrightarrow{\text{OB}}|} =$ ウ$\boxed{}$

参考

△OAB の面積 S について，一般に次のことが成り立つ。

$\overrightarrow{\text{OA}} = \vec{a}$，$\overrightarrow{\text{OB}} = \vec{b}$，$\angle \text{AOB} = \theta$ のとき

$\quad S = \dfrac{1}{2}|\vec{a}||\vec{b}|\sin\theta$

ここで　$\sin\theta = \sqrt{1 - \cos^2\theta} = \sqrt{1 - \dfrac{(\vec{a} \cdot \vec{b})^2}{|\vec{a}|^2|\vec{b}|^2}}$　であるから

$\quad S = \dfrac{1}{2}\sqrt{|\vec{a}|^2|\vec{b}|^2 - (\vec{a} \cdot \vec{b})^2}$

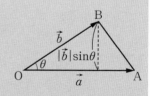

$\overrightarrow{\text{OA}} = (a_1,\ a_2)$，$\overrightarrow{\text{OB}} = (b_1,\ b_2)$ であるとき，

$\quad S = \dfrac{1}{2}|a_1 b_2 - a_2 b_1|$

例　3点 O$(0,\ 0)$，A$(1,\ -3)$，B$(-1,\ 2)$ を
　　頂点とする △OAB の面積は

$\quad S = \dfrac{1}{2}|1 \times 2 - (-3) \times (-1)| = \dfrac{1}{2}$

18 (1) $|\vec{a}| = 1$, $|\vec{b}| = 2$, $\vec{a}\cdot\vec{b} = -3$ のとき, $|2\vec{a} - \vec{b}|$ の値を求めよ。

(2) $|\vec{a}|^2 + |\vec{b}|^2 = 10$, $\vec{a}\cdot\vec{b} = 3$ のとき, $\vec{a} + \vec{b}$ の大きさを求めよ。

19 3点 O(0, 0), A(3, 1), B(2, 4) について $\angle$AOB $= \theta$ とするとき, $\cos\theta$ の値を求めよ。

20 ベクトル $\vec{a}$, $\vec{b}$ が $|\vec{a}| = 5$, $|\vec{b}| = 3$, $|\vec{a} - 2\vec{b}| = 7$ を満たしている。

このとき, $|2\vec{a} + \vec{b}| = {}^{ア}\boxed{}$ であり, $\vec{a} - 2\vec{b}$ と $2\vec{a} + \vec{b}$ のなす角を θ とすると,

$\cos\theta = {}^{イ}\boxed{}$ である。さらに, t が実数全体を動くとき, $|\vec{a} + t\vec{b}|$ の最小値は

${}^{ウ}\boxed{}$ で, そのときの t の値は $t = {}^{エ}\boxed{}$ である。

7 位置ベクトル

1 位置ベクトル

平面上で点 O を定めておくと，どのような点 P の位置も
ベクトル $\vec{p} = \overrightarrow{OP}$ によって決まる。

このベクトル $\vec{p}$ を，点 O を基準とする点 P の **位置ベクトル** といい，
P($\vec{p}$) と表す。

2 点 A($\vec{a}$)，B($\vec{b}$) について　　$\overrightarrow{AB} = \vec{b} - \vec{a}$

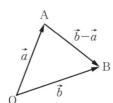

2 内分点・外分点の位置ベクトル

2 点 A($\vec{a}$)，B($\vec{b}$) について

線分 AB を $m:n$ に内分する点の位置ベクトル　$\dfrac{n\vec{a} + m\vec{b}}{m + n}$

とくに，線分 AB の中点の位置ベクトル　$\dfrac{\vec{a} + \vec{b}}{2}$

線分 AB を $m:n$ に外分する点の位置ベクトル　$\dfrac{-n\vec{a} + m\vec{b}}{m - n}$　←内分点の式の n を
　　　　　　　　　　　　　　　　　　　　　　　　　　　　　　$-n$ で置きかえたもの

3 △ABC の重心 G($\vec{g}$) の位置ベクトル

頂点を A($\vec{a}$)，B($\vec{b}$)，C($\vec{c}$) とすると　$\vec{g} = \dfrac{\vec{a} + \vec{b} + \vec{c}}{3}$

チェック 7

OA = 8，AB = 7，BO = 6 の △OAB の内心を I，OI の延長と AB の交点
を C とする。$\overrightarrow{OA} = \vec{a}$，$\overrightarrow{OB} = \vec{b}$ とするとき，次のベクトルを $\vec{a}$，$\vec{b}$ で表せ。

(1)　$\overrightarrow{OC}$　　　　　　　　　(2)　$\overrightarrow{OI}$　　　　　　　類 **22**

解答 (1)　三角形の内心は角の二等分線の交点であるから，

角の二等分線と線分の比の関係より　←△OAB に注目

$$AC:CB = OA:OB = 4:3$$

よって

$$\overrightarrow{OC} = \dfrac{\boxed{}\vec{a} + \boxed{}\vec{b}}{\boxed{}} \quad \cdots①$$

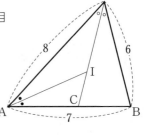

(2)　AB = 7 であるから　$AC = 7 \times \dfrac{4}{7} = 4$　　←AC : CB = 4 : 3

よって，角の二等分線と線分の比の関係より　←△OAC に注目

$$OI:IC = AO:AC = 2:1 \quad ゆえに \quad \overrightarrow{OI} = \dfrac{2}{3}\overrightarrow{OC} \quad \cdots②$$

①，②より　$\overrightarrow{OI} = \boxed{}\vec{a} + \boxed{}\vec{b}$

21 2点 A, B の位置ベクトルをそれぞれ $\vec{a}$, $\vec{b}$ とするとき, 次の点の位置ベクトルを $\vec{a}$, $\vec{b}$ で表せ。

(1) 線分 AB を 3:2 に内分する点　　　(2) 線分 AB を 3:2 に外分する点

22 OA = 5, OB = 3, AB = 6 の △OAB の内心を I,
OI の延長と AB の交点を C とする。
$\overrightarrow{OA} = \vec{a}$, $\overrightarrow{OB} = \vec{b}$ とするとき, $\overrightarrow{OI}$ を $\vec{a}$, $\vec{b}$ で表せ。

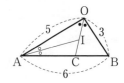

23 3点 A($\vec{a}$), B($\vec{b}$), C($\vec{c}$) を頂点とする △ABC において, 辺 AB を 2:3 に内分する点を D, 辺 BC の中点を E とするとき, 次のベクトルを $\vec{a}$, $\vec{b}$, $\vec{c}$ で表せ。

(1) 点 D, E の位置ベクトル $\vec{d}$, $\vec{e}$

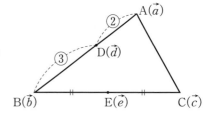

(2) $\overrightarrow{DE}$　　　　　(3) △BDE の重心 G の位置ベクトル $\vec{g}$

24 △ABC の重心を G とするとき, 任意の点 P に対して, 等式
$\overrightarrow{PA} + \overrightarrow{PB} + \overrightarrow{PC} = 3\overrightarrow{PG}$ が成り立つことを示せ。

8 ベクトルの等式と点の位置

$\boxed{1}$ $\overrightarrow{\mathrm{AP}} = \dfrac{n}{m+n}\overrightarrow{\mathrm{AB}} + \dfrac{m}{m+n}\overrightarrow{\mathrm{AC}}$ の意味

$m > 0,\ n > 0$ で

$$\overrightarrow{\mathrm{AP}} = \dfrac{n}{m+n}\overrightarrow{\mathrm{AB}} + \dfrac{m}{m+n}\overrightarrow{\mathrm{AC}} = \dfrac{n\overrightarrow{\mathrm{AB}} + m\overrightarrow{\mathrm{AC}}}{m+n}$$

となるとき，点 P は線分 BC を $m : n$ に内分する点。

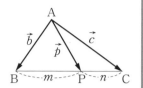

チェック 8

△ABC において次の等式を満たす点 P の位置を答えよ。　　　　$\boxed{類}$ 25

(1) $\overrightarrow{\mathrm{AP}} = \dfrac{4}{7}\overrightarrow{\mathrm{AB}} + \dfrac{3}{7}\overrightarrow{\mathrm{AC}}$ 　　　　(2) $8\overrightarrow{\mathrm{AP}} - 3\overrightarrow{\mathrm{AC}} = 2\overrightarrow{\mathrm{AB}}$

(3) $\overrightarrow{\mathrm{AP}} + 3\overrightarrow{\mathrm{BP}} + 5\overrightarrow{\mathrm{CP}} = \vec{0}$

$\boxed{解答}$ (1) $\overrightarrow{\mathrm{AP}} = \dfrac{4}{7}\overrightarrow{\mathrm{AB}} + \dfrac{3}{7}\overrightarrow{\mathrm{AC}} = \dfrac{4\overrightarrow{\mathrm{AB}} + 3\overrightarrow{\mathrm{AC}}}{7}$

よって，点 P は線分 BC を

$^{ア}\boxed{} : {}^{イ}\boxed{}$ に内分する点。

(2) $8\overrightarrow{\mathrm{AP}} = 2\overrightarrow{\mathrm{AB}} + 3\overrightarrow{\mathrm{AC}}$ は

$$\overrightarrow{\mathrm{AP}} = \dfrac{2\overrightarrow{\mathrm{AB}} + 3\overrightarrow{\mathrm{AC}}}{8} = \dfrac{5}{8} \times \underset{\underset{\dfrac{n\overrightarrow{\mathrm{AB}} + m\overrightarrow{\mathrm{AC}}}{m+n}\text{ の形}}{\uparrow}}{\dfrac{2\overrightarrow{\mathrm{AB}} + 3\overrightarrow{\mathrm{AC}}}{5}}$$

と変形できる。

よって，線分 BC を

$^{ウ}\boxed{} : {}^{エ}\boxed{}$ に内分する点を D とするとき，　$\leftarrow \overrightarrow{\mathrm{AD}} = \dfrac{2\overrightarrow{\mathrm{AB}} + 3\overrightarrow{\mathrm{AC}}}{5}$

点 P は線分 AD を $^{オ}\boxed{} : {}^{カ}\boxed{}$ に内分する点。　$\leftarrow \overrightarrow{\mathrm{AP}} = \dfrac{5}{8}\overrightarrow{\mathrm{AD}}$

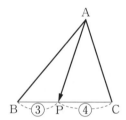
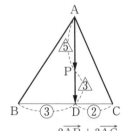

(3) $\overrightarrow{\mathrm{BP}} = \overrightarrow{\mathrm{AP}} - \overrightarrow{\mathrm{AB}},\ \overrightarrow{\mathrm{CP}} = \overrightarrow{\mathrm{AP}} - \overrightarrow{\mathrm{AC}}$ であるから

$\overrightarrow{\mathrm{AP}} + 3(\overrightarrow{\mathrm{AP}} - \overrightarrow{\mathrm{AB}}) + 5(\overrightarrow{\mathrm{AP}} - \overrightarrow{\mathrm{AC}}) = \vec{0}$ は

$9\overrightarrow{\mathrm{AP}} = 3\overrightarrow{\mathrm{AB}} + 5\overrightarrow{\mathrm{AC}}$

$\overrightarrow{\mathrm{AP}} = \dfrac{3\overrightarrow{\mathrm{AB}} + 5\overrightarrow{\mathrm{AC}}}{9} = \dfrac{8}{9} \times \dfrac{3\overrightarrow{\mathrm{AB}} + 5\overrightarrow{\mathrm{AC}}}{8}$

と変形できる。

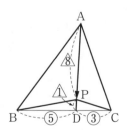

よって，線分 BC を $^{キ}\boxed{} : {}^{ク}\boxed{}$ に内分する点を D とするとき，

点 P は線分 AD を $^{ケ}\boxed{} : {}^{コ}\boxed{}$ に内分する点。

25 △ABC において次の等式を満たす点 P の位置を答えよ。

(1) $\overrightarrow{AP} = \dfrac{2}{5}\overrightarrow{AB} + \dfrac{3}{5}\overrightarrow{AC}$

(2) $16\overrightarrow{AP} - 7\overrightarrow{AC} = 5\overrightarrow{AB}$

(3) $2\overrightarrow{AP} + \overrightarrow{BP} + 3\overrightarrow{CP} = \vec{0}$

(4) $2\overrightarrow{PA} + 3\overrightarrow{PB} + 4\overrightarrow{PC} = \vec{0}$

参考

チェック 8 (3)において，面積比 △PBC：△PCA：△PAB について調べてみよう。

△PBD = 5S とおくと，線分の比と面積比の関係から

△PCD = 3S, △PAB = 40S, △PCA = 24S

△PBC：△PCA：△PAB = 8S：24S：40S = 1：3：5

一般に，△ABC と点 P に対し，

$l\overrightarrow{PA} + m\overrightarrow{PB} + n\overrightarrow{PC} = \vec{0}$

を満たす正の数 l, m, n があるとき，

△PBC：△PCA：△PAB = l：m：n

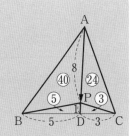

9 一直線上にある３点

① 一直線上にある３点（共線条件）

3点 A，B，C が一直線上

$$\iff \overrightarrow{\mathrm{AC}} = k\overrightarrow{\mathrm{AB}} \text{ を満たす実数 } k \text{ が存在する。}$$

チェック9

平行四辺形 ABCD において，辺 CD を 3：2 に
内分する点を E，対角線 BD を 5：2 に内分する
点を F とする。3点 A，F，E は一直線上にある
ことを示せ。 　　　　　　　　　**類26**

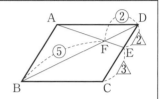

ポイント $\overrightarrow{\mathrm{AF}}=k\overrightarrow{\mathrm{AE}}$ を満たす実数 k が存在することを示せばよいから，
まずは $\overrightarrow{\mathrm{AE}}$，$\overrightarrow{\mathrm{AF}}$ を $\overrightarrow{\mathrm{AB}}$，$\overrightarrow{\mathrm{AD}}$ で表すことを考える。

証明 $\overrightarrow{\mathrm{AB}} = \vec{b}$，$\overrightarrow{\mathrm{AD}} = \vec{d}$ とする。

$$\overrightarrow{\mathrm{AC}} = \overrightarrow{\mathrm{AB}} + \overrightarrow{\mathrm{BC}}$$
$$= \overrightarrow{\mathrm{AB}} + \overrightarrow{\mathrm{AD}} = \vec{b} + \vec{d}$$

点 E は CD を 3：2 に内分する点であるから

$$\overrightarrow{\mathrm{AE}} = \frac{2\overrightarrow{\mathrm{AC}} + 3\overrightarrow{\mathrm{AD}}}{5}$$

$$= \frac{2(\vec{b} + \vec{d}) + 3\vec{d}}{5}$$

$$= \frac{1}{5}(2\vec{b} + 5\vec{d}) \quad \cdots ①$$

点 F は BD を 5：2 に内分する点であるから

$$\overrightarrow{\mathrm{AF}} = \frac{2\overrightarrow{\mathrm{AB}} + 5\overrightarrow{\mathrm{AD}}}{7}$$

$$= \frac{2\vec{b} + 5\vec{d}}{7}$$

$$= \frac{1}{7}(2\vec{b} + 5\vec{d}) \quad \cdots ②$$

①より　$2\vec{b} + 5\vec{d} = \boxed{}^{ア}\ \overrightarrow{\mathrm{AE}}$

であるから，②に代入して

$$\overrightarrow{\mathrm{AF}} = \frac{\boxed{}^{イ}}{\boxed{}_{ウ}}\ \overrightarrow{\mathrm{AE}} \qquad \leftarrow \overrightarrow{\mathrm{AE}}=k\overrightarrow{\mathrm{AF}} \text{ の形で求めてもよい。}$$

よって，3点 A，F，E は一直線上にある。（終）

26 平行四辺形 ABCD の辺 BC を 2:5 に内分する点を E,
対角線 BD を 2:7 に内分する点を F とするとき,
3 点 A, F, E は一直線上にあることを示せ。

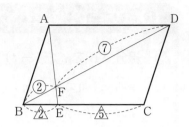

27 △OAB において, 辺 OA を 2:3 に内分する点を D,
辺 OB を 4:3 に内分する点を E, 辺 AB を 2:1 に
外分する点を F とする。このとき, 3 点 D, E, F
は一直線上にあることを示せ。

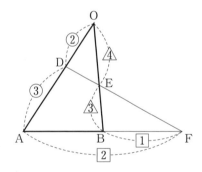

10 交点の位置ベクトル

1 線分 AB を $t : (1-t)$ に分ける点

$m > 0$, $n > 0$ のとき $m : n \iff \dfrac{m}{m+n} : \dfrac{n}{m+n}$

$\dfrac{n}{m+n} = \dfrac{m+n-m}{m+n} = 1 - \dfrac{m}{m+n}$ より,

$\dfrac{m}{m+n} = t$ とおくと $m : n \iff t : (1-t)$

2 ベクトルの相等

$\vec{a} \neq \vec{0}$, $\vec{b} \neq \vec{0}$ で $\vec{a}$, $\vec{b}$ が平行でないとき,

$s\vec{a} + t\vec{b} = s'\vec{a} + t'\vec{b} \iff s = s'$, $t = t'$ (s, t, s', t' は実数)

(このとき, $\vec{a}$, $\vec{b}$ は1次独立という)

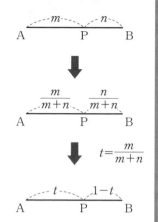

チェック 10

△OAB の辺 OA を $3:2$ に内分する点を C, 辺 OB を $1:2$ に内分する点を D, AD と BC の交点を P とする。$\overrightarrow{OP}$ を $\overrightarrow{OA}$, $\overrightarrow{OB}$ で表せ。 類 28

ポイント 点 P は AD と BC の交点であるから,
AD を内分する点であり, BC を内分する点でもある。

解答 $\overrightarrow{OC} = \dfrac{3}{5}\overrightarrow{OA}$ ←点 C は辺 OA を $3:2$ に内分

$\overrightarrow{OD} = \dfrac{1}{3}\overrightarrow{OB}$ ←点 D は辺 OB を $1:2$ に内分

$AP : PD = s : (1-s)$ とおくと ←AD に注目
$\overrightarrow{OP} = (1-s)\overrightarrow{OA} + s\overrightarrow{OD}$

$\qquad = (1-s)\overrightarrow{OA} + \dfrac{s}{3}\overrightarrow{OB}$ …①

$BP : PC = t : (1-t)$ とおくと ←BC に注目
$\overrightarrow{OP} = t\overrightarrow{OC} + (1-t)\overrightarrow{OB}$

$\qquad = \dfrac{3}{5}t\overrightarrow{OA} + (1-t)\overrightarrow{OB}$ …②

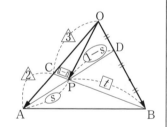

$\overrightarrow{OA} \neq \vec{0}$, $\overrightarrow{OB} \neq \vec{0}$ で $\overrightarrow{OA}$, $\overrightarrow{OB}$ が平行でないから,

①, ②より ア〔　　　〕 = イ〔　　　〕 ←$\overrightarrow{OA}$ について

ウ〔　　　〕 = エ〔　　　〕 ←$\overrightarrow{OB}$ について

これを解いて $s = $ オ〔　　　〕, $t = $ カ〔　　　〕

よって $\overrightarrow{OP} = $ キ〔　　　〕$\overrightarrow{OA} + $ ク〔　　　〕$\overrightarrow{OB}$

ア〜エの語群		
s	$-s$	$1-s$
$\dfrac{1}{3}s$	$\dfrac{2}{3}s$	$s-1$
$\dfrac{2}{5}s$	$\dfrac{3}{5}s$	$1+s$
t	$-t$	$1-t$
$\dfrac{1}{3}t$	$\dfrac{2}{3}t$	$t-1$
$\dfrac{2}{5}t$	$\dfrac{3}{5}t$	$1+t$

28 △OAB の辺 OA を 3 : 2 に内分する点を C,
辺 OB を 3 : 1 に内分する点を D, BC と AD の交点を P
とする。$\overrightarrow{OP}$ を $\overrightarrow{OA}$, $\overrightarrow{OB}$ で表せ。

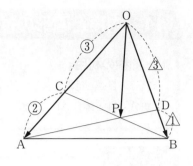

29 △OAB の辺 OA を 2 : 1 に内分する点を C,
辺 OB の中点を M, 辺 AB を 1 : 2 に内分する点を D
とし, 線分 BC と線分 DM の交点を P とする。
$\overrightarrow{OP}$ を $\overrightarrow{OA}$, $\overrightarrow{OB}$ で表せ。

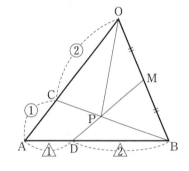

30 平行四辺形 ABCD において,
辺 CD を 3 : 2 に内分する点を E とし,
線分 AC と BE の交点を P とする。
$\overrightarrow{AP}$ を $\overrightarrow{AB}$, $\overrightarrow{AD}$ で表せ。

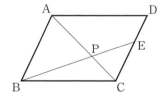

11 内積と図形の性質

1 内積の利用

線分の長さ，角の大きさを調べるには内積を利用するとよい。

線分 OM と線分 AB の垂直　　$\text{OM} \perp \text{AB} \iff \overrightarrow{\text{OM}} \cdot \overrightarrow{\text{AB}} = 0$

チェック 11

△ABC において，$\text{AB} = \sqrt{2}$，$\text{AC} = \sqrt{2}$，$\angle\text{BAC} = 60°$，△ABC の外心を O とする。$\overrightarrow{\text{AB}} = \vec{b}$，$\overrightarrow{\text{AC}} = \vec{c}$ とするとき，$\overrightarrow{\text{AO}}$ を $\vec{b}$，$\vec{c}$ で表せ。　　類 31

ポイント 三角形の外心が各辺の垂直二等分線の交点であることから，

辺 AB，AC の中点をそれぞれ M，N として，$\overrightarrow{\text{OM}} \cdot \overrightarrow{\text{AB}} = 0$，$\overrightarrow{\text{ON}} \cdot \overrightarrow{\text{AC}} = 0$ を利用する。

解答 三角形の外心は各辺の垂直二等分線の交点である。

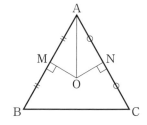

s，t を実数として　$\overrightarrow{\text{AO}} = s\vec{b} + t\vec{c}$　とおき，

辺 AB，AC の中点をそれぞれ M，N とすると

$$\overrightarrow{\text{OM}} = \overrightarrow{\text{AM}} - \overrightarrow{\text{AO}} = \left(\frac{1}{2} - s\right)\vec{b} - t\vec{c}$$

OM ⊥ AB であるから　$\overrightarrow{\text{OM}} \cdot \overrightarrow{\text{AB}} = 0$

よって　$\left\{\left(\frac{1}{2} - s\right)\vec{b} - t\vec{c}\right\} \cdot \vec{b} = 0$　　←$\overrightarrow{\text{OM}} = \left(\frac{1}{2} - s\right)\vec{b} - t\vec{c}$

$\left(\frac{1}{2} - s\right)|\vec{b}|^2 - t\vec{b} \cdot \vec{c} = 0$　…①

同様に

$$\overrightarrow{\text{ON}} = \overrightarrow{\text{AN}} - \overrightarrow{\text{AO}} = -s\vec{b} + \left(\frac{1}{2} - t\right)\vec{c}$$

ON ⊥ AC であるから　$\overrightarrow{\text{ON}} \cdot \overrightarrow{\text{AC}} = 0$

よって　$\left\{-s\vec{b} + \left(\frac{1}{2} - t\right)\vec{c}\right\} \cdot \vec{c} = 0$　　←$\overrightarrow{\text{ON}} = -s\vec{b} + \left(\frac{1}{2} - t\right)\vec{c}$

$-s\vec{b} \cdot \vec{c} + \left(\frac{1}{2} - t\right)|\vec{c}|^2 = 0$　…②

ここで　$\vec{b} \cdot \vec{c} = |\vec{b}||\vec{c}|\cos\angle\text{BAC}$

$= \sqrt{2} \cdot \sqrt{2} \cdot \cos 60° = 1$

また，$|\vec{b}|^2 = 2$，$|\vec{c}|^2 = 2$ であるから

①より　$2s + t = 1$

②より　$s + 2t = 1$

これを解いて　$s = $ ⁷□ ，$t = $ ⁱ□

よって　$\overrightarrow{\text{AO}} = $ ⁰□ $\vec{b} + $ ᴱ□ $\vec{c}$

31 △OAB において，OA $= 8$，OB $= 10$，AB $= 12$ とする。
また，$\overrightarrow{OA} = \vec{a}$，$\overrightarrow{OB} = \vec{b}$ とする。

(1) $\vec{a}$, $\vec{b}$ の内積 $\vec{a} \cdot \vec{b}$ を求めよ。

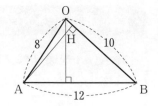

(2) △OAB の垂心を H とするとき，$\overrightarrow{OH}$ を $\vec{a}$, $\vec{b}$ を用いて表せ。

32 △OAB の 3 辺の長さを，OA $=$ OB $= \sqrt{5}$，AB $= 2$ とする。
また，$\overrightarrow{OA} = \vec{a}$，$\overrightarrow{OB} = \vec{b}$ とする。

(1) 内積 $\vec{a} \cdot \vec{b}$ を求めよ。

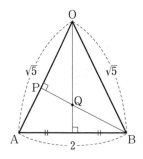

(2) 点 B から直線 OA に下ろした垂線と直線 OA との交点を P とするとき，$\overrightarrow{OP}$ を $\vec{a}$ を用いて表せ。

(3) (2)において，点 O から直線 AB に引いた垂線と直線 BP との交点を Q とするとき，$\overrightarrow{OQ}$ を $\vec{a}$ と $\vec{b}$ を用いて表せ。

12 直線のベクトル方程式

① A($\vec{a}$) を通りベクトル $\vec{d}$ に平行な直線のベクトル方程式

直線上の点を $p(\vec{p})$, t を実数とすると

$$\vec{p} = \vec{a} + t\vec{d} \quad \text{(図1)}$$

このとき, t を媒介変数, $\vec{d}$ をこの直線の方向ベクトルという。

図1

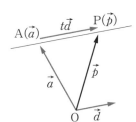

② 直線の媒介変数表示

A(x_1, y_1), P(x, y), $\vec{d} = (l, m)$ のとき

$$\begin{cases} x = x_1 + lt \\ y = y_1 + mt \end{cases}$$

図2

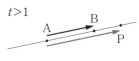

$t > 1$

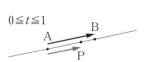

$0 \leqq t \leqq 1$

③ 異なる2点 A($\vec{a}$), B($\vec{b}$) を通る直線のベクトル方程式

t を実数とすると

$$\vec{p} = (1-t)\vec{a} + t\vec{b} \quad \text{(図2)} \quad \leftarrow \vec{p} = \vec{a} + t\overrightarrow{AB}, \ \overrightarrow{AB} = \vec{b} - \vec{a}$$

$1 - t = s$ とおくと

$$\vec{p} = s\vec{a} + t\vec{b}, \ s + t = 1$$

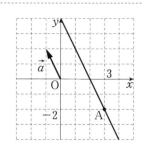

$t < 0$

チェック 12

(1) 点 A(3, -2) を通り, $\vec{d} = (-1, 2)$ に平行な直線を媒介変数表示せよ。また, 媒介変数を消去した式で表せ。 類 **33**

(2) 2点 A(3, 5), B(8, 2) を通る直線を媒介変数表示せよ。 類 **34**

解答 (1) t を実数とすると, この直線のベクトル方程式は

$$\vec{p} = (3, -2) + t(-1, 2)$$

よって $\begin{cases} x = \boxed{}^{\text{ア}} - t \\ y = \boxed{}^{\text{イ}} + \boxed{}^{\text{ウ}} t \end{cases}$

これより媒介変数 t を消去すると

$$y = \boxed{}^{\text{エ}} x + \boxed{}^{\text{オ}}$$

(2) 原点を O とし, t を実数とすると, この直線のベクトル方程式は

$$\vec{p} = (1-t)\overrightarrow{OA} + t\overrightarrow{OB}$$

よって $\begin{cases} x = 3(1-t) + 8t \\ y = 5(1-t) + 2t \end{cases}$

すなわち $\begin{cases} x = \boxed{}^{\text{カ}} + \boxed{}^{\text{キ}} t \\ y = \boxed{}^{\text{ク}} - \boxed{}^{\text{ケ}} t \end{cases}$

33 次の点 A を通り，ベクトル $\vec{d}$ に平行な直線を媒介変数表示せよ。
また，媒介変数を消去した式で表せ。

(1) A$(-2,\ 1)$, $\vec{d}=(3,\ -2)$　　　　(2) A$(1,\ 5)$, $\vec{d}=(-2,\ 3)$

34 次の 2 点 A，B を通る直線を媒介変数表示せよ。

(1) A$(4,\ -3)$, B$(5,\ 2)$　　　　(2) A$(-3,\ 1)$, B$(2,\ -2)$

35 平面上に △OAB があり，辺 AB の中点を M，辺 OB を 2：1 に内分する点を N とする。
$\overrightarrow{\mathrm{OA}}=\vec{a}$, $\overrightarrow{\mathrm{OB}}=\vec{b}$ とする。このとき，次の問いに答えよ。

(1) $\overrightarrow{\mathrm{OM}}$, $\overrightarrow{\mathrm{ON}}$ を $\vec{a}$, $\vec{b}$ で表せ。

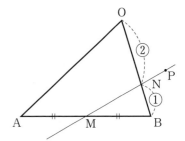

(2) 直線 MN のベクトル方程式を求めよ。

13 点Pの存在範囲

1 $\overrightarrow{\text{OP}} = s\overrightarrow{\text{OA}} + t\overrightarrow{\text{OB}}$ の終点Pの存在範囲

$\overrightarrow{\text{OA}}$, $\overrightarrow{\text{OB}}$ が1次独立であるとき

① $s + t = 1$

   $\Longleftrightarrow$ 点Pは直線AB上（図1）

② $s + t = 1$, $s \geqq 0$, $t \geqq 0$

   $\Longleftrightarrow$ 点Pは線分AB上（図2）

③ $s + t \leqq 1$, $s \geqq 0$, $t \geqq 0$

   $\Longleftrightarrow$ 点Pは△OABの周および内部（図3）

図1 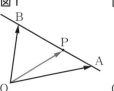 図2 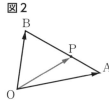 図3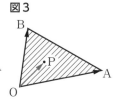

チェック13

△OAB に対して $\overrightarrow{\text{OP}} = s\overrightarrow{\text{OA}} + t\overrightarrow{\text{OB}}$ とする。s, t が次の条件を満たすとき、点Pはどのような図形上にあるか。 類36

(1) $s + 2t = 3$ (2) $s + 2t = 3$, $s \geqq 0$, $t \geqq 0$

ポイント $\overrightarrow{\text{OP}} = s'\overrightarrow{\text{OA}'} + t'\overrightarrow{\text{OB}'}$, $s' + t' = 1$ のとき、点Pは直線 A'B' 上にあることを利用する。

解答 (1) $s + 2t = 3$ の両辺を3で割ると $\dfrac{s}{3} + \dfrac{2t}{3} = 1$

$\dfrac{s}{3} = s'$, $\dfrac{2t}{3} = t'$ とおくと $s' + t' = 1$, $s = 3s'$, $t = \dfrac{3}{2}t'$ であるから

$\overrightarrow{\text{OP}} = s\overrightarrow{\text{OA}} + t\overrightarrow{\text{OB}}$

$\qquad = 3s'\overrightarrow{\text{OA}} + \dfrac{3}{2}t'\overrightarrow{\text{OB}} = s'(3\overrightarrow{\text{OA}}) + t'\left(\dfrac{3}{2}\overrightarrow{\text{OB}}\right)$

$\overrightarrow{\text{OA}'} = 3\overrightarrow{\text{OA}}$, $\overrightarrow{\text{OB}'} = \dfrac{3}{2}\overrightarrow{\text{OB}}$ を満たす

2点 A', B' をとると

$\overrightarrow{\text{OP}} = s'\overrightarrow{\text{OA}'} + t'\overrightarrow{\text{OB}'}$, $s' + t' = 1$ ←上の①の形

よって、点Pの存在範囲は、

右の図の ^ア☐

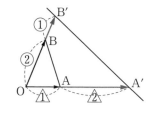

(2) (1)と同様に $\dfrac{s}{3} = s'$, $\dfrac{2t}{3} = t'$ とおき、

$\overrightarrow{\text{OA}'} = 3\overrightarrow{\text{OA}}$, $\overrightarrow{\text{OB}'} = \dfrac{3}{2}\overrightarrow{\text{OB}}$ とすると

$\overrightarrow{\text{OP}} = s'\overrightarrow{\text{OA}'} + t'\overrightarrow{\text{OB}'}$,

$\quad s' + t' = 1$, $s \geqq 0$, $t \geqq 0$ ←上の②の形

よって、点Pの存在範囲は、

右の図の ^イ☐

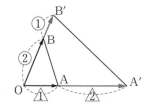

36 △OAB と点 P があり，$\overrightarrow{\mathrm{OP}} = s\overrightarrow{\mathrm{OA}} + t\overrightarrow{\mathrm{OB}}$　で表される。s，t が次の条件を満たすとき，点 P の存在範囲を図示せよ。

(1)　$s + t = 3$

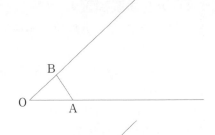

(2)　$s + t = 3$，$s \geqq 0$，$t \geqq 0$

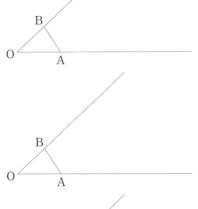

(3)　$3s + 2t = 6$

(4)　$3s + 2t = 6$，$s \geqq 0$，$t \geqq 0$

(5)　$3s + 2t \leqq 6$，$s \geqq 0$，$t \geqq 0$

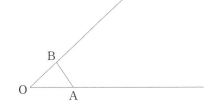

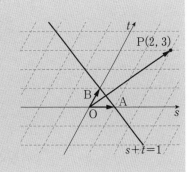

参考

平面上の任意の点 P は，1 次独立なベクトル $\overrightarrow{\mathrm{OA}}$，$\overrightarrow{\mathrm{OB}}$ について
$\overrightarrow{\mathrm{OP}} = s\overrightarrow{\mathrm{OA}} + t\overrightarrow{\mathrm{OB}}$ とただ一通りで表される。
このとき (s, t) を斜交座標という。
たとえば，点 $\mathrm{P}(2, 3)$ は，$\overrightarrow{\mathrm{OP}} = 2\overrightarrow{\mathrm{OA}} + 3\overrightarrow{\mathrm{OB}}$ と表される。
斜交座標系は直交座標系 (x, y) を一般化したもので，
斜交座標の $s + t = 1$ は直交座標で直線 $x + y = 1$ に対応する。

14 ベクトル $\vec{n}$ に垂直な直線

1 $\vec{n}$ に垂直な直線

点 A$(\vec{a})$ を通り，$\vec{n}$ に垂直な直線のベクトル方程式は

$$\vec{n} \cdot (\vec{p} - \vec{a}) = 0$$

であり，$\vec{n}$ をこの直線 l の **法線ベクトル** という。

点 A$(x_1,\ y_1)$ を通り，$\vec{n} = (a,\ b)$ に垂直な直線の方程式は

$$a(x - x_1) + b(y - y_1) = 0$$

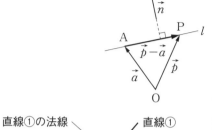

2 2直線のなす角

2直線 $ax + by + c = 0$ …①

$lx + my + n = 0$ …②

のなす角は，それぞれの法線ベクトル

$$\vec{n_1} = (a,\ b),\ \vec{n_2} = (l,\ m)$$

のなす角に等しい。

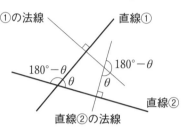

チェック 14

(1) 点 A$(3,\ -2)$ を通り，$\vec{n} = (1,\ -3)$ に垂直な直線の方程式を求めよ。 類 **37**

(2) 2直線 $2x + 4y = 3,\ -x + 3y = 5$ のなす角 α を求めよ。

ただし，$0° \leqq \alpha \leqq 90°$ とする。 類 **39**

解答 (1) 直線上の点をPとすると，$\vec{n} \perp \overrightarrow{\text{AP}}$ または $\overrightarrow{\text{AP}} = \vec{0}$

よって $\vec{n} \cdot \overrightarrow{\text{AP}} = 0$

P$(x,\ y)$ とすると，$\overrightarrow{\text{AP}} = (x - 3,\ y + 2)$ であるから

$$1(x - 3) - 3(y + 2) = 0$$

よって，求める直線の方程式は ア ☐

(2) $2x + 4y = 3$ …①，$-x + 3y = 5$ …② とする。

①の法線ベクトルは $\vec{n_1} = (2,\ 4)$

②の法線ベクトルは $\vec{n_2} = (-1,\ 3)$

よって，$\vec{n_1}$ と $\vec{n_2}$ のなす角を θ とすると

$$\cos \theta = \frac{\vec{n_1} \cdot \vec{n_2}}{|\vec{n_1}||\vec{n_2}|}$$

$$= \frac{2 \times (-1) + 4 \times 3}{\sqrt{2^2 + 4^2} \times \sqrt{(-1)^2 + 3^2}}$$

$$= \text{イ} ☐$$

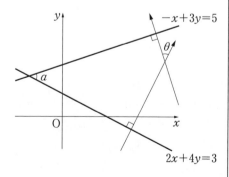

$0° \leqq \theta \leqq 180°$ であるから $\theta = $ ウ ☐

よって，求める角 α は $\alpha = $ エ ☐

37 A$(-2, 3)$ を通り，$\vec{n} = (5, -4)$ に垂直な直線の方程式を求めよ。

38 2点 A$(3, 5)$，B$(6, 2)$ とするとき，線分 AB の垂直二等分線の方程式を，ベクトルを利用して求めよ。

39 2直線 $x - \sqrt{3}\,y + 1 = 0$，$-\sqrt{3}\,x + y + 2 = 0$ のなす角 α を求めよ。
ただし，$0° \leqq \alpha \leqq 90°$ とする。

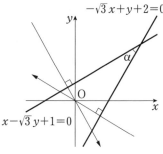

40 点 P$(5, -1)$ を通り，$\vec{n} = (1, 2)$ が法線ベクトルである直線の方程式を求めよ。また，この直線と直線 $x - 3y - 2 = 0$ とのなす角 α を求めよ。ただし，$0° \leqq \alpha \leqq 90°$ とする。

30

15 円のベクトル方程式

1 円のベクトル方程式

中心 $C(\vec{c})$，半径 r のとき
$$|\vec{p} - \vec{c}| = r \qquad (図1)$$
2点 $A(\vec{a})$，$B(\vec{b})$ を直径の両端とするとき
$$(\vec{p} - \vec{a}) \cdot (\vec{p} - \vec{b}) = 0 \qquad (図2)$$

図1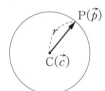

図2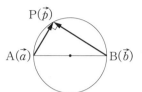

チェック 15

点 O を基準とする点 A の位置ベクトルを $\vec{a}$ とするとき，次のベクトル方程式で表される円の中心の位置ベクトルと半径を求めよ。　類 41

(1) $|3\vec{p} - 15\vec{a}| = 9$ 　　　　(2) $(\vec{p} - 2\vec{a}) \cdot (\vec{p} - 6\vec{a}) = 0$

ポイント 円の中心の位置ベクトルと半径が問われているので，$|\vec{p} - \vec{c}| = r$ の形に変形して考える。

解答 (1) $|3\vec{p} - 15\vec{a}| = 9$ より　$3|\vec{p} - 5\vec{a}| = 9$

よって　$|\vec{p} - 5\vec{a}| = $ ^ア⬚

ゆえに，この円の中心の位置ベクトルは ^イ⬚$\vec{a}$，

半径は ^ウ⬚

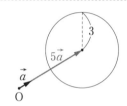

(2) $(\vec{p} - 2\vec{a}) \cdot (\vec{p} - 6\vec{a}) = 0$ より
$$|\vec{p}|^2 - 8\vec{p} \cdot \vec{a} + 12|\vec{a}|^2 = 0$$
$$|\vec{p}|^2 - 8\vec{p} \cdot \vec{a} + 16|\vec{a}|^2 = 4|\vec{a}|^2$$
$$|\vec{p} - 4\vec{a}|^2 = 4|\vec{a}|^2$$

よって　$|\vec{p} - $ ^エ⬚$\vec{a}| = $ ^オ⬚$|\vec{a}|$

ゆえに，この円の中心の位置ベクトルは ^カ⬚$\vec{a}$，

半径は ^キ⬚$|\vec{a}|$

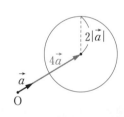

別解 $(\vec{p} - 2\vec{a}) \cdot (\vec{p} - 6\vec{a}) = 0$ より，

この円は位置ベクトルが $2\vec{a}$ の点と $6\vec{a}$ の点を直径の両端とする。

よって，

この円の中心の位置ベクトルは $\dfrac{2\vec{a} + 6\vec{a}}{2} = $ ^ク⬚$\vec{a}$

半径は $\dfrac{|2\vec{a} - 6\vec{a}|}{2} = $ ^ケ⬚$|\vec{a}|$

ベクトル 短期学習ノート 解答編　　　　実教出版

1 ベクトルの加法・減法・実数倍

チェック1

ア　-1
イ　3

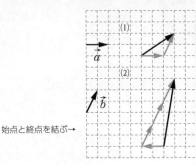

始点と終点を結ぶ→

1　(1)　①と⑧　　←向きも大きさも等しい
(2)　⑤と⑦　　←向きが反対で大きさが等しい
(3)　①と⑧，③と⑤と⑦

2

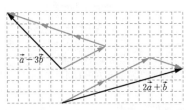

$\vec{a}-3\vec{b}$

$2\vec{a}+\vec{b}$

↑ベクトルは向きと大きさだけで定まる
から，始点はどこでもよい

3　(1)　$2\vec{a}+\vec{b}+4\vec{a}-2\vec{b}$
$= (2+4)\vec{a}+(1-2)\vec{b}$
$= 6\vec{a}-\vec{b}$

(2)　$(3\vec{a}+\vec{b})-3(\vec{a}-2\vec{b})$
$= 3\vec{a}+\vec{b}-3\vec{a}+6\vec{b}$
$= (3-3)\vec{a}+(1+6)\vec{b}$
$= 7\vec{b}$　　　　←$0\vec{a}=\vec{0}$

(3)　$\dfrac{1}{2}(3\vec{a}-\vec{b})-\dfrac{1}{3}(\vec{a}+\vec{b})$
$= \dfrac{3}{2}\vec{a}-\dfrac{1}{2}\vec{b}-\dfrac{1}{3}\vec{a}-\dfrac{1}{3}\vec{b}$
$= \left(\dfrac{3}{2}-\dfrac{1}{3}\right)\vec{a}+\left(-\dfrac{1}{2}-\dfrac{1}{3}\right)\vec{b}$
$= \dfrac{7}{6}\vec{a}-\dfrac{5}{6}\vec{b}$

2 ベクトルの平行・分解

チェック2

ア　$\pm\dfrac{1}{6}$　←同じ向きの $\dfrac{1}{6}\vec{a}$ と反対向きの $-\dfrac{1}{6}\vec{a}$

イ　$\pm\dfrac{1}{2}$　←同じ向きの $\dfrac{1}{2}\vec{a}$ と反対向きの $-\dfrac{1}{2}\vec{a}$

ウ　$\vec{a}+\vec{b}$
エ　$\vec{b}$
オ　$-\vec{a}$
カ　$-\vec{a}-\vec{b}$
キ　$-\dfrac{4}{3}$

4　(1)　$\pm\dfrac{1}{5}\vec{a}$　←同じ向きの $\dfrac{1}{5}\vec{a}$ と反対向きの $-\dfrac{1}{5}\vec{a}$

(2)　$-\dfrac{3}{5}\vec{a}$

5　(1)　①　$\overrightarrow{AO}=\overrightarrow{AB}+\overrightarrow{BO}$
$= \overrightarrow{AB}+\overrightarrow{AF}$
$= \vec{a}+\vec{b}$

②　$\overrightarrow{AC}=\overrightarrow{AB}+\overrightarrow{BC}$
$= \overrightarrow{AB}+\overrightarrow{AO}$
$= \vec{a}+(\vec{a}+\vec{b})$
$= 2\vec{a}+\vec{b}$

③　$\overrightarrow{BD}=\overrightarrow{BC}+\overrightarrow{CD}$
$= \overrightarrow{AO}+\overrightarrow{AF}$
$= (\vec{a}+\vec{b})+\vec{b}$
$= \vec{a}+2\vec{b}$

④　$\overrightarrow{EC}=\overrightarrow{ED}+\overrightarrow{DC}$
$= \overrightarrow{AB}+\overrightarrow{FA}$
$= \overrightarrow{AB}-\overrightarrow{AF}$
$= \vec{a}-\vec{b}$

(2)　（証明）
$\overrightarrow{MN}=\overrightarrow{MC}+\overrightarrow{CD}+\overrightarrow{DN}$
$= \dfrac{1}{2}\overrightarrow{BC}+\overrightarrow{CD}+\dfrac{1}{2}\overrightarrow{DE}$　←M は BC の中点
　　　　　　　　　　　　　　　　　　N は DE の中点
$= \dfrac{1}{2}\overrightarrow{AO}+\overrightarrow{AF}-\dfrac{1}{2}\overrightarrow{AB}$
$= \dfrac{1}{2}(\vec{a}+\vec{b})+\vec{b}-\dfrac{1}{2}\vec{a}$
$= \dfrac{3}{2}\vec{b}$　←$\overrightarrow{MN}=k\overrightarrow{AF}$ を示すために，
　　　　　　　　$\overrightarrow{MN}$ を $\vec{a}$, $\vec{b}$ に分解

よって　$\overrightarrow{MN}=\dfrac{3}{2}\vec{b}=\dfrac{3}{2}\overrightarrow{AF}$

ゆえに　$\overrightarrow{AF}\;/\!/\;\overrightarrow{MN}$　（終）

6
(1) $\overrightarrow{BD} = \overrightarrow{BA} + \overrightarrow{AD} = -\vec{b} + \vec{d}$

(2) $\overrightarrow{AM} = \overrightarrow{AB} + \overrightarrow{BM}$ ←M は BC の中点

$\quad = \overrightarrow{AB} + \dfrac{1}{2}\overrightarrow{BC}$

$\quad = \overrightarrow{AB} + \dfrac{1}{2}\overrightarrow{AD} = \vec{b} + \dfrac{1}{2}\vec{d}$

(3) $\overrightarrow{DM} = \overrightarrow{DC} + \overrightarrow{CM}$ ←M は BC の中点

$\quad = \overrightarrow{AB} + \dfrac{1}{2}\overrightarrow{CB}$

$\quad = \overrightarrow{AB} - \dfrac{1}{2}\overrightarrow{AD} = \vec{b} - \dfrac{1}{2}\vec{d}$

3 ベクトルの成分

チェック 3
ア 4　　イ −3
ウ 4　　エ −3　オ 5
カ −5　キ 12
ク −5　ケ 12　コ 13

7
(1) $\vec{a} = (3,\ 2)$ より
$2\vec{a} = 2(3,\ 2) = (6,\ 4)$
$|2\vec{a}| = \sqrt{6^2 + 4^2}$
$\quad = \sqrt{52} = 2\sqrt{13}$

別解 $|2\vec{a}| = 2|\vec{a}| = 2\sqrt{3^2 + 2^2}$
$\quad = 2\sqrt{13}$

(2) $\vec{b} = (-1,\ 2)$ より
$-3\vec{b} = -3(-1,\ 2) = (3,\ -6)$
$|-3\vec{b}| = \sqrt{3^2 + (-6)^2}$
$\quad = \sqrt{45} = 3\sqrt{5}$

別解 $|-3\vec{b}| = 3|\vec{b}| = 3\sqrt{(-1)^2 + 2^2}$
$\quad = 3\sqrt{5}$

(3) $\vec{a} + 2\vec{b} = (3,\ 2) + 2(-1,\ 2)$
$\quad = (1,\ 6)$
$|\vec{a} + 2\vec{b}| = \sqrt{1^2 + 6^2} = \sqrt{37}$

(4) $-3\vec{a} + \vec{b} = -3(3,\ 2) + (-1,\ 2)$
$\quad = (-10,\ -4)$
$|-3\vec{a} + \vec{b}| = \sqrt{(-10)^2 + (-4)^2}$
$\quad = \sqrt{116} = 2\sqrt{29}$

8
$2(\vec{x} + 5\vec{b}) = 3\vec{a} + 4\vec{b} - \vec{x}$
変形すると $3\vec{x} = 3\vec{a} - 6\vec{b}$
$\vec{x} = \vec{a} - 2\vec{b} = (2,\ -1) - 2(-1,\ 1)$
$\quad = (4,\ -3)$
$|\vec{x}| = \sqrt{4^2 + (-3)^2} = \sqrt{25} = 5$

9
$\begin{cases} 2\vec{a} + \vec{b} = (5,\ 12) & \cdots ① \\ \vec{a} - 2\vec{b} = (-15,\ 1) & \cdots ② \end{cases}$
① × 2 + ② より ←$\vec{b}$ を消去
$2 \times 2\vec{a} + \vec{a} = 2(5,\ 12) + (-15,\ 1)$

すなわち $5\vec{a} = (-5,\ 25)$
よって $\vec{a} = (-1,\ 5)$
また，①より
$\vec{b} = (5,\ 12) - 2(-1,\ 5) = (7,\ 2)$

4 ベクトルの成分と平行・分解

チェック 4
ア 5　　イ −1　←$4 - x = 5(2 + x)$
ウ 1　　エ 3
オ −1　カ 0
キ 4　　ク 2
ケ 1　　　←$\sqrt{(-1)^2 + 0^2}$
コ $2\sqrt{5}$　←$\sqrt{4^2 + 2^2}$

10
(1) $|\vec{a}| = \sqrt{3^2 + (-2)^2} = \sqrt{13}$
よって，$\vec{a}$ と同じ向きの単位ベクトルは
$\dfrac{\vec{a}}{|\vec{a}|} = \dfrac{\vec{a}}{\sqrt{13}} = \left(\dfrac{3}{\sqrt{13}},\ -\dfrac{2}{\sqrt{13}}\right)$

(2) (1)より
$\sqrt{26} \times \left(-\dfrac{\vec{a}}{|\vec{a}|}\right) = \sqrt{26} \times \left(-\dfrac{\vec{a}}{\sqrt{13}}\right)$
$\quad = -\sqrt{2}\,\vec{a}$
$\quad = (-3\sqrt{2},\ 2\sqrt{2})$

11
(1) $\vec{a} + t\vec{b} = k\vec{c}$ となる実数 k が存在する。
$\vec{a} + t\vec{b} = (2,\ 1) + t(-1,\ 1)$
$\quad = (2 - t,\ 1 + t)$
$k\vec{c} = k(3,\ -2)$
成分を比較して $\begin{cases} 2 - t = 3k & \cdots ① \\ 1 + t = -2k & \cdots ② \end{cases}$
① + ② より $k = 3$
②より $t = -7$

(2) (1)より
$\vec{a} + t\vec{b} = (2 - t,\ 1 + t)$
であるから
$|\vec{a} + t\vec{b}| = \sqrt{(2 - t)^2 + (1 + t)^2}$
$\quad = \sqrt{2t^2 - 2t + 5}$
$|\vec{a} + t\vec{b}| = \sqrt{17}$ であるから
$2t^2 - 2t + 5 = 17$
$t^2 - t - 6 = 0$
$(t - 3)(t + 2) = 0$
よって $t = 3,\ -2$

(3) $|\vec{a} + t\vec{b}| = \sqrt{2t^2 - 2t + 5}$
$\quad = \sqrt{2\left(t - \dfrac{1}{2}\right)^2 + \dfrac{9}{2}}$
$t = \dfrac{1}{2}$ のとき最小となり，
最小値 $\sqrt{\dfrac{9}{2}} = \dfrac{3\sqrt{2}}{2}$

12 $\vec{p} = s\vec{a} + t\vec{b}$ （s, t は実数）とおくと，

$(5, -9) = s(3, -1) + t(2, 3)$

となるから，成分を比較して

$\begin{cases} 5 = 3s + 2t & \cdots① \\ -9 = -s + 3t & \cdots② \end{cases}$

①＋②×3 より $t = -2$

②より $s = 3$

よって $\vec{p} = 3\vec{a} - 2\vec{b}$

13

$\overrightarrow{AB} = (2 - (-2), 0 - 1)$
$\qquad = (4, -1)$
$\overrightarrow{CA} = (-2 - (-3), 1 - (-1))$
$\qquad = (1, 2)$

また $|\overrightarrow{AB}| = \sqrt{4^2 + (-1)^2} = \sqrt{17}$
$\qquad |\overrightarrow{CA}| = \sqrt{1^2 + 2^2} = \sqrt{5}$

5 ベクトルの内積

チェック5

ア　－1

イ　5　　ウ　$\dfrac{1}{\sqrt{2}}$　エ　45°

オ　$\dfrac{2}{\sqrt{5}}$, $\dfrac{1}{\sqrt{5}}$

カ　$-\dfrac{2}{\sqrt{5}}$, $-\dfrac{1}{\sqrt{5}}$　（オ，カは順不同）

14 (1) $\overrightarrow{AB} \cdot \overrightarrow{AM} = 2 \times \sqrt{3} \times \cos 30°$
$\qquad\qquad\quad = 3$

(2) $\overrightarrow{AM} \perp \overrightarrow{BC}$

であるから

$\overrightarrow{AM} \cdot \overrightarrow{BC} = 0$

(3) $\overrightarrow{AM} \cdot \overrightarrow{CA} = \sqrt{3} \times 2 \times \cos 150°$
$\qquad\qquad\quad = -3$

15 (1) $\vec{a} \cdot \vec{b} = 1 \times \sqrt{3} + \sqrt{3} \times 1$
$\qquad\quad = 2\sqrt{3}$

$|\vec{a}| = \sqrt{1^2 + (\sqrt{3})^2} = 2$
$|\vec{b}| = \sqrt{(\sqrt{3})^2 + 1^2} = 2$

よって

$\cos\theta = \dfrac{\vec{a} \cdot \vec{b}}{|\vec{a}||\vec{b}|} = \dfrac{2\sqrt{3}}{2 \times 2} = \dfrac{\sqrt{3}}{2}$

$0° \leqq \theta \leqq 180°$ であるから $\theta = 30°$

(2) $\vec{a} \cdot \vec{b} = 2 \times (-3) + 1 \times 1 = -5$

$|\vec{a}| = \sqrt{2^2 + 1^2} = \sqrt{5}$
$|\vec{b}| = \sqrt{(-3)^2 + 1^2} = \sqrt{10}$

よって

$\cos\theta = \dfrac{\vec{a} \cdot \vec{b}}{|\vec{a}||\vec{b}|} = \dfrac{-5}{\sqrt{5} \times \sqrt{10}} = -\dfrac{1}{\sqrt{2}}$

$0° \leqq \theta \leqq 180°$ であるから $\theta = 135°$

16 $\vec{a} - 2\vec{b} = (-4, 2) - 2(2, x)$
$\qquad\quad = (-8, 2 - 2x)$

$\vec{a} \perp (\vec{a} - 2\vec{b})$ であるから

$\vec{a} \cdot (\vec{a} - 2\vec{b}) = 0$

$(-4) \times (-8) + 2 \times (2 - 2x) = 0$
$\qquad\qquad\qquad\qquad 4x = 36$
$\qquad\qquad\qquad\qquad \boldsymbol{x = 9}$

17 $\vec{e} = (x, y)$ とする。

$|\vec{e}| = 1$ より $|\vec{e}|^2 = 1$

よって $|\vec{e}|^2 = x^2 + y^2 = 1$ $\cdots①$

また $|\vec{a}| = \sqrt{1^2 + (\sqrt{3})^2} = 2$ より

$\vec{a} \cdot \vec{e} = |\vec{a}||\vec{e}|\cos 60° = 2 \cdot 1 \cdot \dfrac{1}{2} = 1$

ゆえに $\vec{a} \cdot \vec{e} = x + \sqrt{3}\, y = 1$ $\cdots②$

②より，$x = 1 - \sqrt{3}\, y$ を①に代入して

$(1 - \sqrt{3}\, y)^2 + y^2 = 1$

$(1 - 2\sqrt{3}\, y + 3y^2) + y^2 = 1$

$4y^2 - 2\sqrt{3}\, y = 0$

$2y^2 - \sqrt{3}\, y = 0$

$y(2y - \sqrt{3}) = 0$

したがって $y = 0, \dfrac{\sqrt{3}}{2}$

②より，求める $\vec{e}$ は

$(1, 0)$ または $\left(-\dfrac{1}{2}, \dfrac{\sqrt{3}}{2}\right)$

6 内積の性質

チェック6

ア　36　　イ　6

ウ　$-\dfrac{7\sqrt{2}}{10}$

18 (1) $|2\vec{a} - \vec{b}|^2 = (2\vec{a} - \vec{b}) \cdot (2\vec{a} - \vec{b})$
$\qquad\qquad = 4|\vec{a}|^2 - 4\vec{a} \cdot \vec{b} + |\vec{b}|^2$
$\qquad\qquad = 4 \times 1^2 - 4 \times (-3) + 2^2$
$\qquad\qquad = 20$

ここで，$|2\vec{a} - \vec{b}| \geqq 0$ であるから

$|2\vec{a} - \vec{b}| = \sqrt{20} = 2\sqrt{5}$

(2) $|\vec{a} + \vec{b}|^2 = (\vec{a} + \vec{b}) \cdot (\vec{a} + \vec{b})$
$\qquad\qquad = |\vec{a}|^2 + 2\vec{a} \cdot \vec{b} + |\vec{b}|^2$
$\qquad\qquad = 10 + 2 \times 3 \qquad \leftarrow |\vec{a}|^2 + |\vec{b}|^2 = 10$
$\qquad\qquad = 16$

ここで，$|\vec{a} + \vec{b}| \geqq 0$ であるから

$|\vec{a} + \vec{b}| = \sqrt{16} = 4$

19 $\overrightarrow{OA} = (3, 1)$, $\overrightarrow{OB} = (2, 4)$ であるから

$\overrightarrow{OA} \cdot \overrightarrow{OB} = 3 \times 2 + 1 \times 4 = 10$

$|\overrightarrow{OA}| = \sqrt{3^2 + 1^2} = \sqrt{10}$

$|\overrightarrow{OB}| = \sqrt{2^2 + 4^2} = \sqrt{20} = 2\sqrt{5}$

よって

$\cos\theta = \dfrac{\overrightarrow{OA} \cdot \overrightarrow{OB}}{|\overrightarrow{OA}||\overrightarrow{OB}|} = \dfrac{10}{\sqrt{10} \times 2\sqrt{5}} = \dfrac{\sqrt{2}}{2}$

20 $|\vec{a} - 2\vec{b}|^2 = (\vec{a} - 2\vec{b}) \cdot (\vec{a} - 2\vec{b})$

$= |\vec{a}|^2 - 4\vec{a} \cdot \vec{b} + 4|\vec{b}|^2$

であるから

$49 = 25 - 4\vec{a} \cdot \vec{b} + 36$ より $\vec{a} \cdot \vec{b} = 3$

$|2\vec{a} + \vec{b}|^2 = (2\vec{a} + \vec{b}) \cdot (2\vec{a} + \vec{b})$

$= 4|\vec{a}|^2 + 4\vec{a} \cdot \vec{b} + |\vec{b}|^2$

$= 4 \times 25 + 4 \times 3 + 9 = 121$

$|2\vec{a} + \vec{b}| \geqq 0$ であるから

$|2\vec{a} + \vec{b}| = \sqrt{121} = 11 \quad \cdots \quad ア$

ここで

$(\vec{a} - 2\vec{b}) \cdot (2\vec{a} + \vec{b}) = 2|\vec{a}|^2 - 3\vec{a} \cdot \vec{b} - 2|\vec{b}|^2$

$= 2 \times 25 - 3 \times 3 - 2 \times 9$

$= 23$

$|\vec{a} - 2\vec{b}| = 7$, $|2\vec{a} + \vec{b}| = 11$ であるから

$\cos\theta = \dfrac{23}{7 \times 11} = \dfrac{23}{77} \quad \cdots \quad イ$

$|\vec{a} + t\vec{b}|^2$ が最小のとき, $|\vec{a} + t\vec{b}|$ も最小となる。

$|\vec{a} + t\vec{b}|^2 = (\vec{a} + t\vec{b}) \cdot (\vec{a} + t\vec{b})$

$= |\vec{a}|^2 + 2t\vec{a} \cdot \vec{b} + t^2|\vec{b}|^2$

$= 25 + 2t \times 3 + 9t^2$

$= 9t^2 + 6t + 25$

$= 9\left(t + \dfrac{1}{3}\right)^2 + 24$

よって, $|\vec{a} + t\vec{b}|$ は

$t = -\dfrac{1}{3} \quad \cdots \quad エ$

のとき最小となる。

このとき $|\vec{a} + t\vec{b}|^2 = 24$

$|\vec{a} + t\vec{b}| \geqq 0$ であるから, $|\vec{a} + t\vec{b}|$ の最小値は

$\sqrt{24} = 2\sqrt{6} \quad \cdots \quad ウ$

7 位置ベクトル

チェック7

ア 3 　 イ 4 　 ウ 7

エ $\dfrac{2}{7}$ 　 オ $\dfrac{8}{21}$ 　 ← $\dfrac{2}{3} \times \dfrac{3\vec{a} + 4\vec{b}}{7}$

21 (1) $\dfrac{2\vec{a} + 3\vec{b}}{3 + 2} = \dfrac{2}{5}\vec{a} + \dfrac{3}{5}\vec{b}$

(2) $\dfrac{-2\vec{a} + 3\vec{b}}{3 - 2} = -2\vec{a} + 3\vec{b}$

22 三角形の内心は角の二等分線の交点であるから,

角の二等分線と線分の比の関係より 　 ←△OAB に注目

$AC : CB = OA : OB = 5 : 3$

よって

$\overrightarrow{OC} = \dfrac{3\overrightarrow{OA} + 5\overrightarrow{OB}}{8} = \dfrac{3}{8}\vec{a} + \dfrac{5}{8}\vec{b} \quad \cdots ①$

また, $AB = 6$ であるから

$AC = 6 \times \dfrac{5}{8} = \dfrac{15}{4}$

ゆえに, 角の二等分線と線分の比の関係より

$OI : IC = AO : AC$ 　 ↑△OAC に注目

$= 5 : \dfrac{15}{4} = 4 : 3$

したがって $\overrightarrow{OI} = \dfrac{4}{7}\overrightarrow{OC} \quad \cdots ②$

①, ②より

$\overrightarrow{OI} = \dfrac{4}{7}\left(\dfrac{3}{8}\vec{a} + \dfrac{5}{8}\vec{b}\right) = \dfrac{3}{14}\vec{a} + \dfrac{5}{14}\vec{b}$

23 (1) $\vec{d} = \dfrac{3\vec{a} + 2\vec{b}}{5}$ 　 ←辺 AB を 2:3 に内分

$= \dfrac{3}{5}\vec{a} + \dfrac{2}{5}\vec{b}$

$\vec{e} = \dfrac{\vec{b} + \vec{c}}{2}$ 　 ←辺 BC の中点

$= \dfrac{1}{2}\vec{b} + \dfrac{1}{2}\vec{c}$

(2) $\overrightarrow{DE} = \vec{e} - \vec{d}$

$= \left(\dfrac{1}{2}\vec{b} + \dfrac{1}{2}\vec{c}\right) - \left(\dfrac{3}{5}\vec{a} + \dfrac{2}{5}\vec{b}\right)$

$= -\dfrac{3}{5}\vec{a} + \dfrac{1}{10}\vec{b} + \dfrac{1}{2}\vec{c}$

(3) $\vec{g} = \dfrac{1}{3}(\vec{b} + \vec{d} + \vec{e})$

$= \dfrac{1}{3}\left\{\vec{b} + \left(\dfrac{3}{5}\vec{a} + \dfrac{2}{5}\vec{b}\right) + \left(\dfrac{1}{2}\vec{b} + \dfrac{1}{2}\vec{c}\right)\right\}$

$= \dfrac{1}{5}\vec{a} + \dfrac{19}{30}\vec{b} + \dfrac{1}{6}\vec{c}$

24 (証明)

点 A, B, C, G, P の位置ベクトルを

それぞれ $\vec{a}$, $\vec{b}$, $\vec{c}$, $\vec{g}$, $\vec{p}$ とする。

$\overrightarrow{PA} + \overrightarrow{PB} + \overrightarrow{PC} = (\vec{a} - \vec{p}) + (\vec{b} - \vec{p}) + (\vec{c} - \vec{p})$

$= \vec{a} + \vec{b} + \vec{c} - 3\vec{p}$

$\vec{g} = \dfrac{1}{3}(\vec{a} + \vec{b} + \vec{c})$ であるから

$3\overrightarrow{PG} = 3(\vec{g} - \vec{p})$

$= 3 \times \dfrac{1}{3}(\vec{a} + \vec{b} + \vec{c}) - 3\vec{p}$

$= \vec{a} + \vec{b} + \vec{c} - 3\vec{p}$

よって $\overrightarrow{PA} + \overrightarrow{PB} + \overrightarrow{PC} = 3\overrightarrow{PG}$ 　 (終)

チェック8

ア 3　　イ 4
ウ 3　　エ 2
オ 5　　カ 3
キ 5　　ク 3
ケ 8　　コ 1

25 (1) $\overrightarrow{AP} = \dfrac{2}{5}\overrightarrow{AB} + \dfrac{3}{5}\overrightarrow{AC}$

$= \dfrac{2\overrightarrow{AB} + 3\overrightarrow{AC}}{5}$

よって，**点 P は線分 BC を 3：2 に内分する点。**

(2) $16\overrightarrow{AP} - 7\overrightarrow{AC} = 5\overrightarrow{AB}$ は

$\overrightarrow{AP} = \dfrac{5\overrightarrow{AB} + 7\overrightarrow{AC}}{16}$

$= \dfrac{12}{16} \times \dfrac{5\overrightarrow{AB} + 7\overrightarrow{AC}}{12}$

$= \dfrac{3}{4} \times \dfrac{5\overrightarrow{AB} + 7\overrightarrow{AC}}{12}$

と変形できる。

よって，**線分 BC を 7：5 に内分する点を D とするとき，点 P は AD を 3：1 に内分する点。**

(3) $\overrightarrow{BP} = \overrightarrow{AP} - \overrightarrow{AB}$

$\overrightarrow{CP} = \overrightarrow{AP} - \overrightarrow{AC}$

であるから

$2\overrightarrow{AP} + \overrightarrow{BP} + 3\overrightarrow{CP} = \vec{0}$ は

$2\overrightarrow{AP} + (\overrightarrow{AP} - \overrightarrow{AB}) + 3(\overrightarrow{AP} - \overrightarrow{AC}) = \vec{0}$

$6\overrightarrow{AP} = \overrightarrow{AB} + 3\overrightarrow{AC}$

$\overrightarrow{AP} = \dfrac{\overrightarrow{AB} + 3\overrightarrow{AC}}{6}$

$= \dfrac{4}{6} \times \dfrac{\overrightarrow{AB} + 3\overrightarrow{AC}}{4}$

$= \dfrac{2}{3} \times \dfrac{\overrightarrow{AB} + 3\overrightarrow{AC}}{4}$

と変形できる。

よって，**線分 BC を 3：1 に内分する点を D とするとき，点 P は AD を 2：1 に内分する点。**

(4) $\overrightarrow{PB} = \overrightarrow{AB} - \overrightarrow{AP}$

$\overrightarrow{PC} = \overrightarrow{AC} - \overrightarrow{AP}$

であるから

$2\overrightarrow{PA} + 3\overrightarrow{PB} + 4\overrightarrow{PC} = \vec{0}$ は

$-2\overrightarrow{AP} + 3(\overrightarrow{AB} - \overrightarrow{AP}) + 4(\overrightarrow{AC} - \overrightarrow{AP}) = \vec{0}$

$9\overrightarrow{AP} = 3\overrightarrow{AB} + 4\overrightarrow{AC}$

$\overrightarrow{AP} = \dfrac{3\overrightarrow{AB} + 4\overrightarrow{AC}}{9}$

$= \dfrac{7}{9} \times \dfrac{3\overrightarrow{AB} + 4\overrightarrow{AC}}{7}$

と変形できる。

よって，**線分 BC を 4：3 に内分する点を D とするとき，点 P は AD を 7：2 に内分する点。**

チェック9

ア 5　　イ 5　　ウ 7

26 (証明)

$\overrightarrow{AB} = \vec{b}$, $\overrightarrow{AD} = \vec{d}$ とする。

$\overrightarrow{AC} = \overrightarrow{AB} + \overrightarrow{BC} = \overrightarrow{AB} + \overrightarrow{AD} = \vec{b} + \vec{d}$

点 E は BC を 2：5 に内分する点であるから

$\overrightarrow{AE} = \dfrac{5\overrightarrow{AB} + 2\overrightarrow{AC}}{7}$

$= \dfrac{5\vec{b} + 2(\vec{b} + \vec{d})}{7}$

$= \dfrac{1}{7}(7\vec{b} + 2\vec{d})$ …①

点 F は BD を 2：7 に内分する点であるから

$\overrightarrow{AF} = \dfrac{7\overrightarrow{AB} + 2\overrightarrow{AD}}{9}$

$= \dfrac{1}{9}(7\vec{b} + 2\vec{d})$ …②

①より　$7\vec{b} + 2\vec{d} = 7\overrightarrow{AE}$

であるから，②に代入して

$\overrightarrow{AF} = \dfrac{7}{9}\overrightarrow{AE}$

よって，3 点 A, F, E は一直線上にある。　(終)

27 (証明)

$\overrightarrow{OA} = \vec{a}$, $\overrightarrow{OB} = \vec{b}$ とする。

点 D は OA を 2：3 に内分する点であるから

$\overrightarrow{OD} = \dfrac{2}{5}\vec{a}$

点 E は OB を 4：3 に内分する点であるから

$\overrightarrow{OE} = \dfrac{4}{7}\vec{b}$

点 F は AB を 2：1 に外分する点であるから

$\overrightarrow{OF} = \dfrac{-\vec{a} + 2\vec{b}}{2 - 1} = -\vec{a} + 2\vec{b}$

以上より

$\overrightarrow{DE} = \overrightarrow{OE} - \overrightarrow{OD}$

$= \dfrac{4}{7}\vec{b} - \dfrac{2}{5}\vec{a}$

$= \dfrac{2}{35}(-7\vec{a} + 10\vec{b})$ …①

$\overrightarrow{DF} = \overrightarrow{OF} - \overrightarrow{OD}$

$= (-\vec{a} + 2\vec{b}) - \dfrac{2}{5}\vec{a}$

$= \dfrac{1}{5}(-7\vec{a} + 10\vec{b})$ …②

②より　$-7\vec{a} + 10\vec{b} = 5\overrightarrow{DF}$

であるから，①に代入して

$\overrightarrow{DE} = \dfrac{2}{7}\overrightarrow{DF}$

よって，3 点 D, E, F は一直線上にある。　(終)

チェック 10

ア $1-s$　　イ $\dfrac{3}{5}t$　　← (ア・イは順不同)

ウ $\dfrac{1}{3}s$　　エ $1-t$　　← (ウ・エは順不同)

オ $\dfrac{1}{2}$　　カ $\dfrac{5}{6}$

キ $\dfrac{1}{2}$　　ク $\dfrac{1}{6}$

28　$\overrightarrow{OC} = \dfrac{3}{5}\overrightarrow{OA}$　←C は OA を 3:2 に内分

$\overrightarrow{OD} = \dfrac{3}{4}\overrightarrow{OB}$　←D は OB を 3:1 に内分

AP : PD $= s : (1-s)$ とおくと
$$\overrightarrow{OP} = (1-s)\overrightarrow{OA} + s\overrightarrow{OD}$$
$$= (1-s)\overrightarrow{OA} + \dfrac{3}{4}s\overrightarrow{OB} \quad \cdots①$$

BP : PC $= t : (1-t)$ とおくと
$$\overrightarrow{OP} = t\overrightarrow{OC} + (1-t)\overrightarrow{OB}$$
$$= \dfrac{3}{5}t\overrightarrow{OA} + (1-t)\overrightarrow{OB} \quad \cdots②$$

$\overrightarrow{OA} \neq \vec{0}$, $\overrightarrow{OB} \neq \vec{0}$ で $\overrightarrow{OA}$, $\overrightarrow{OB}$ が平行でないから,
①, ②より
$$1-s = \dfrac{3}{5}t \quad \cdots③$$
$$\dfrac{3}{4}s = 1-t \quad \cdots④$$

③ + ④ $\times \dfrac{4}{3}$ より
$$1 = \dfrac{4}{3} + \left(\dfrac{3}{5} - \dfrac{4}{3}\right)t$$
$$\dfrac{11}{15}t = \dfrac{1}{3}$$

よって $t = \dfrac{5}{11}$

これを①に代入して
$$1-s = \dfrac{3}{11}$$

ゆえに $s = \dfrac{8}{11}$

したがって $\overrightarrow{OP} = \dfrac{3}{11}\overrightarrow{OA} + \dfrac{6}{11}\overrightarrow{OB}$

29　$\overrightarrow{OC} = \dfrac{2}{3}\overrightarrow{OA}$, $\overrightarrow{OM} = \dfrac{1}{2}\overrightarrow{OB}$

点 D は AB を 1:2 に内分する点であるから
$$\overrightarrow{OD} = \dfrac{2}{3}\overrightarrow{OA} + \dfrac{1}{3}\overrightarrow{OB}$$

BP : PC $= s : (1-s)$ とおくと
$$\overrightarrow{OP} = s\overrightarrow{OC} + (1-s)\overrightarrow{OB}$$
$$= \dfrac{2}{3}s\overrightarrow{OA} + (1-s)\overrightarrow{OB} \quad \cdots①$$

DP : PM $= t : (1-t)$ とおくと
$$\overrightarrow{OP} = (1-t)\overrightarrow{OD} + t\overrightarrow{OM}$$
$$= \dfrac{2}{3}(1-t)\overrightarrow{OA} + \dfrac{1}{3}(1-t)\overrightarrow{OB} + \dfrac{1}{2}t\overrightarrow{OB}$$
$$= \dfrac{2}{3}(1-t)\overrightarrow{OA} + \left(\dfrac{1}{3} + \dfrac{1}{6}t\right)\overrightarrow{OB} \quad \cdots②$$

$\overrightarrow{OA} \neq \vec{0}$, $\overrightarrow{OB} \neq \vec{0}$ で $\overrightarrow{OA}$, $\overrightarrow{OB}$ が平行でないから,
①, ②より
$$\dfrac{2}{3}s = \dfrac{2}{3}(1-t) \quad \cdots③$$
$$1-s = \dfrac{1}{3} + \dfrac{1}{6}t \quad \cdots④$$

③ $\times \dfrac{3}{2}$ + ④ より
$$1 = \left(1 + \dfrac{1}{3}\right) + \left(-1 + \dfrac{1}{6}\right)t$$
$$\dfrac{5}{6}t = \dfrac{1}{3}$$

よって $t = \dfrac{2}{5}$

③に代入して $s = \dfrac{3}{5}$

ゆえに $\overrightarrow{OP} = \dfrac{2}{5}\overrightarrow{OA} + \dfrac{2}{5}\overrightarrow{OB}$

参考

29 において, 直線 OP と辺 AB との交点を Q として, $\overrightarrow{OQ}$ を $\overrightarrow{OA}$, $\overrightarrow{OB}$ で表すことを考えてみよう。

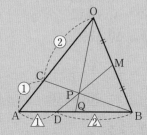

3 点 O, P, Q は一直線上にあるから,
$\overrightarrow{OQ} = k\overrightarrow{OP}$ となる実数 k が存在する。
$$\overrightarrow{OQ} = k\left(\dfrac{2}{5}\overrightarrow{OA} + \dfrac{2}{5}\overrightarrow{OB}\right)$$
$$= \dfrac{2}{5}k\overrightarrow{OA} + \dfrac{2}{5}k\overrightarrow{OB}$$

また, 点 Q は辺 AB 上の点であるから
$$\dfrac{2}{5}k + \dfrac{2}{5}k = 1$$　←係数の和 = 1 (p.26 のまとめ参照)

よって $k = \dfrac{5}{4}$

ゆえに
$$\overrightarrow{OQ} = \dfrac{5}{4}\left(\dfrac{2}{5}\overrightarrow{OA} + \dfrac{2}{5}\overrightarrow{OB}\right)$$
$$= \dfrac{1}{2}\overrightarrow{OA} + \dfrac{1}{2}\overrightarrow{OB}$$

30 $AP : PC = s : (1-s)$ とおくと

$$\overrightarrow{AP} = s\overrightarrow{AC}$$
$$= s(\overrightarrow{AB} + \overrightarrow{BC})$$
$$= s(\overrightarrow{AB} + \overrightarrow{AD}) \quad \cdots ①$$

$BP : PE = t : (1-t)$ とおくと

$$\overrightarrow{AP} = (1-t)\overrightarrow{AB} + t\overrightarrow{AE}$$
$$= (1-t)\overrightarrow{AB} + t(\overrightarrow{AD} + \overrightarrow{DE})$$
$$= (1-t)\overrightarrow{AB} + t\left(\overrightarrow{AD} + \frac{2}{5}\overrightarrow{DC}\right)$$
$$= (1-t)\overrightarrow{AB} + t\left(\overrightarrow{AD} + \frac{2}{5}\overrightarrow{AB}\right)$$
$$= \left(1 - \frac{3}{5}t\right)\overrightarrow{AB} + t\overrightarrow{AD} \quad \cdots ②$$

$\overrightarrow{AB} \neq \vec{0}$, $\overrightarrow{AD} \neq \vec{0}$ で $\overrightarrow{AB}$, $\overrightarrow{AD}$ が平行でないから、
①, ②より

$$s = 1 - \frac{3}{5}t \quad \cdots ③$$
$$s = t \quad \cdots ④$$

④を③に代入して

$$t = 1 - \frac{3}{5}t$$
$$\frac{8}{5}t = 1$$

よって $t = \dfrac{5}{8}$

これと④より $s = \dfrac{5}{8}$

ゆえに $\overrightarrow{AP} = \dfrac{5}{8}\overrightarrow{AB} + \dfrac{5}{8}\overrightarrow{AD}$

11 内積と図形の性質

チェック11

ア $\dfrac{1}{3}$ イ $\dfrac{1}{3}$

ウ $\dfrac{1}{3}$ エ $\dfrac{1}{3}$

31 (1) $|\overrightarrow{AB}| = 12$ より
$$|\vec{b} - \vec{a}| = 12$$
両辺を2乗して
$$|\vec{b}|^2 - 2\vec{a}\cdot\vec{b} + |\vec{a}|^2 = 144$$
よって
$$10^2 - 2\vec{a}\cdot\vec{b} + 8^2 = 144$$
$$164 - 2\vec{a}\cdot\vec{b} = 144$$
$$\vec{a}\cdot\vec{b} = 10$$

(2) $\overrightarrow{OH} = s\vec{a} + t\vec{b}$ （s, t は実数）とおく。

三角形の垂心は各頂点から対辺に引いた
3つの垂線の交点である。

$OH \perp AB$ であるから
$$\overrightarrow{OH}\cdot\overrightarrow{AB} = 0$$
$$(s\vec{a} + t\vec{b})\cdot(\vec{b} - \vec{a}) = 0$$
$$s\vec{a}\cdot\vec{b} - s|\vec{a}|^2 + t|\vec{b}|^2 - t\vec{a}\cdot\vec{b} = 0$$

ゆえに
$$10s - 64s + 100t - 10t = 0 \quad \leftarrow \vec{a}\cdot\vec{b} = 10$$
$$\qquad\qquad\qquad\qquad |\vec{a}| = 8$$
$$\qquad\qquad\qquad\qquad |\vec{b}| = 10$$
すなわち
$$-3s + 5t = 0 \quad \cdots ①$$

$AH \perp OB$ であるから
$$\overrightarrow{AH}\cdot\vec{b} = 0$$
$$(\overrightarrow{OH} - \vec{a})\cdot\vec{b} = 0$$
$$(s\vec{a} + t\vec{b} - \vec{a})\cdot\vec{b} = 0$$
$$s\vec{a}\cdot\vec{b} + t|\vec{b}|^2 - \vec{a}\cdot\vec{b} = 0$$

ゆえに
$$10s + 100t - 10 = 0 \quad \leftarrow \vec{a}\cdot\vec{b} = 10$$
$$\qquad\qquad\qquad\qquad |\vec{b}| = 10$$
すなわち
$$s + 10t = 1 \quad \cdots ②$$

①＋②×3 より
$$35t = 3$$
$$t = \frac{3}{35}$$

これを②に代入して
$$s + \frac{6}{7} = 1$$

すなわち $s = \dfrac{1}{7}$

したがって
$$\overrightarrow{OH} = \frac{1}{7}\vec{a} + \frac{3}{35}\vec{b}$$

32 (1) $|\overrightarrow{AB}| = 2$ より $|\vec{b} - \vec{a}| = 2$

両辺を2乗して
$$|\vec{b}|^2 - 2\vec{a}\cdot\vec{b} + |\vec{a}|^2 = 4$$
よって
$$(\sqrt{5})^2 - 2\vec{a}\cdot\vec{b} + (\sqrt{5})^2 = 4 \quad \leftarrow |\vec{b}| = \sqrt{5}$$
$$\qquad\qquad\qquad\qquad\qquad\quad |\vec{a}| = \sqrt{5}$$
$$\vec{a}\cdot\vec{b} = 3$$

(2) $\overrightarrow{OP} = k\vec{a}$ （k は実数）とおく。

$BP \perp OA$ であるから
$$\overrightarrow{BP}\cdot\overrightarrow{OA} = 0$$
よって
$$(\overrightarrow{OP} - \overrightarrow{OB})\cdot\overrightarrow{OA} = 0$$
$$(k\vec{a} - \vec{b})\cdot\vec{a} = 0$$
$$k|\vec{a}|^2 - \vec{a}\cdot\vec{b} = 0$$

ゆえに $5k - 3 = 0 \quad \leftarrow |\vec{a}| = \sqrt{5}$
$$\qquad\qquad\qquad\qquad \vec{a}\cdot\vec{b} = 3$$

すなわち $k = \dfrac{3}{5}$

したがって $\overrightarrow{OP} = \dfrac{3}{5}\vec{a}$

別解 $\angle AOB = \theta$ とおくと

$$\cos\theta = \frac{\vec{a}\cdot\vec{b}}{|\vec{a}||\vec{b}|} = \frac{3}{\sqrt{5}\cdot\sqrt{5}} = \frac{3}{5}$$

ここで
$$OP = OB\cos\theta \quad \leftarrow \text{直角三角形 OBP に注目}$$
$$= \frac{3}{5}\cdot\sqrt{5}$$

よって $\overrightarrow{OP} = \dfrac{3}{5}\vec{a}$

7

(3) BQ：QP ＝ s：$(1-s)$（s は実数）とおくと
$$\overrightarrow{\mathrm{OQ}} = s\overrightarrow{\mathrm{OP}} + (1-s)\overrightarrow{\mathrm{OB}}$$
$$= \frac{3}{5}s\vec{a} + (1-s)\vec{b} \quad \cdots①$$

△OAB は OA ＝ OB の二等辺三角形であるから，O から直線 AB に垂線 OH を引くと，H は辺 AB の中点となる。

よって，t を実数として
$$\overrightarrow{\mathrm{OQ}} = t\overrightarrow{\mathrm{OH}} = \frac{1}{2}t\vec{a} + \frac{1}{2}t\vec{b} \quad \cdots②$$

$\vec{a} \neq \vec{0}$, $\vec{b} \neq \vec{0}$ で，
$\vec{a}$, $\vec{b}$ が平行でないから，①，②より
$$\frac{3}{5}s = \frac{1}{2}t \quad \cdots③$$
$$1-s = \frac{1}{2}t \quad \cdots④$$

③－④ より
$$\frac{8}{5}s - 1 = 0$$
$$s = \frac{5}{8}$$

これを③に代入して　←④に代入してもよい
$$\frac{1}{2}t = \frac{3}{8}$$

すなわち　$t = \frac{3}{4}$

ゆえに　$\overrightarrow{\mathrm{OQ}} = \frac{3}{8}\vec{a} + \frac{3}{8}\vec{b}$

12 直線のベクトル方程式

チェック 12

ア　3
イ　－2　ウ　2
エ　－2　オ　4
カ　3　キ　5
ク　5　ケ　3

33 (1) t を実数とすると，直線のベクトル方程式は
$$\vec{p} = (-2,\ 1) + t(3,\ -2)$$
よって $\begin{cases} x = -2 + 3t \\ y = 1 - 2t \end{cases}$
これより媒介変数 t を消去すると
$$y = -\frac{2}{3}x - \frac{1}{3}$$

(2) t を実数とすると，直線のベクトル方程式は
$$\vec{p} = (1,\ 5) + t(-2,\ 3)$$
よって $\begin{cases} x = 1 - 2t \\ y = 5 + 3t \end{cases}$
これより媒介変数 t を消去すると
$$y = -\frac{3}{2}x + \frac{13}{2}$$

34 (1) 原点を O とし，t を実数とすると，この直線のベクトル方程式は
$$\vec{p} = (1-t)\overrightarrow{\mathrm{OA}} + t\overrightarrow{\mathrm{OB}}$$
よって $\begin{cases} x = 4(1-t) + 5t \\ y = (-3)(1-t) + 2t \end{cases}$
すなわち $\begin{cases} x = 4 + t \\ y = -3 + 5t \end{cases}$
注 $\vec{p} = t\overrightarrow{\mathrm{OA}} + (1-t)\overrightarrow{\mathrm{OB}}$ より
$\begin{cases} x = 5 - t \\ y = 2 - 5t \end{cases}$
としてもよい。
別解 $\overrightarrow{\mathrm{AB}} = (1,\ 5)$
点 A を通り $\overrightarrow{\mathrm{AB}}$ に平行な直線であるから，
t を実数とすると
$$\vec{p} = (4,\ -3) + t(1,\ 5)$$
よって $\begin{cases} x = 4 + t \\ y = -3 + 5t \end{cases}$

(2) 原点を O とし，t を実数とすると，この直線のベクトル方程式は
$$\vec{p} = (1-t)\overrightarrow{\mathrm{OA}} + t\overrightarrow{\mathrm{OB}}$$
よって $\begin{cases} x = (-3)(1-t) + 2t \\ y = (1-t) - 2t \end{cases}$
すなわち $\begin{cases} x = 5t - 3 \\ y = 1 - 3t \end{cases}$
注 $\vec{p} = t\overrightarrow{\mathrm{OA}} + (1-t)\overrightarrow{\mathrm{OB}}$ より
$\begin{cases} x = 2 - 5t \\ y = 3t - 2 \end{cases}$
としてもよい。
別解 $\overrightarrow{\mathrm{AB}} = (5,\ -3)$
点 A を通り $\overrightarrow{\mathrm{AB}}$ に平行な直線であるから，
t を実数とすると
$$\vec{p} = (-3,\ 1) + t(5,\ -3)$$
よって $\begin{cases} x = -3 + 5t \\ y = 1 - 3t \end{cases}$

35 (1) $\overrightarrow{\mathrm{OM}} = \frac{1}{2}\vec{a} + \frac{1}{2}\vec{b}$　←M は AB の中点

$\overrightarrow{\mathrm{ON}} = \frac{2}{3}\vec{b}$　←N は OB を 2：1 に内分

(2) 2 点 M，N を通る直線のベクトル方程式は，
t を実数とすると
$$\vec{p} = (1-t)\overrightarrow{\mathrm{OM}} + t\overrightarrow{\mathrm{ON}}$$
$$= (1-t)\left(\frac{1}{2}\vec{a} + \frac{1}{2}\vec{b}\right) + \frac{2}{3}t\vec{b}$$
$$= \frac{1}{2}(1-t)\vec{a} + \left(\frac{1}{2} + \frac{1}{6}t\right)\vec{b}$$

13 点 P の存在範囲

チェック 13

ア　直線 A′B′ 上

イ　線分 A′B′ 上

36 (1) $s+t=3$ より　$\dfrac{s}{3}+\dfrac{t}{3}=1$

$\dfrac{s}{3}=s'$, $\dfrac{t}{3}=t'$ とおくと

$s'+t'=1$, $s=3s'$, $t=3t'$

であるから

$$\overrightarrow{\mathrm{OP}} = s\overrightarrow{\mathrm{OA}} + t\overrightarrow{\mathrm{OB}}$$
$$= 3s'\overrightarrow{\mathrm{OA}} + 3t'\overrightarrow{\mathrm{OB}}$$
$$= s'(3\overrightarrow{\mathrm{OA}}) + t'(3\overrightarrow{\mathrm{OB}})$$

$3\overrightarrow{\mathrm{OA}} = \overrightarrow{\mathrm{OA'}}$, $3\overrightarrow{\mathrm{OB}} = \overrightarrow{\mathrm{OB'}}$ を満たす

2 点 A′, B′ をとると

$$\overrightarrow{\mathrm{OP}} = s'\overrightarrow{\mathrm{OA'}} + t'\overrightarrow{\mathrm{OB'}}, \quad s'+t'=1$$

よって，点 P の存在範囲は，
下の図の直線 A′B′ 上

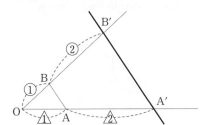

(2) (1)と同様に

$\dfrac{s}{3}=s'$, $\dfrac{t}{3}=t'$ とおき，

$$3\overrightarrow{\mathrm{OA}} = \overrightarrow{\mathrm{OA'}}, \quad 3\overrightarrow{\mathrm{OB}} = \overrightarrow{\mathrm{OB'}}$$

とすると

$$\overrightarrow{\mathrm{OP}} = s'\overrightarrow{\mathrm{OA'}} + t'\overrightarrow{\mathrm{OB'}},$$
$$s'+t'=1, \quad s' \geqq 0, \quad t' \geqq 0$$

よって，点 P の存在範囲は，
下の図の線分 A′B′ 上

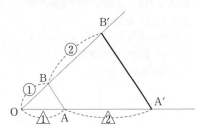

参考

36 を，次の図のような斜交座標を用いて考えてみよう。

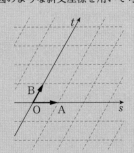

(1) $s+t=3$ を変形すると

$t = -s+3$

であるから，点 P の存在範囲は

直線 $t=-s+3$ 上

よって，図示すると下図(1)の通り。

(2) (1)で求めた直線の $s \geqq 0$, $t \geqq 0$ の部分であるから，
点 P の存在範囲は下図(2)の通り。

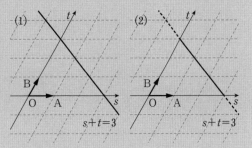

(3) $3s + 2t = 6$ より $\dfrac{s}{2} + \dfrac{t}{3} = 1$

$\dfrac{s}{2} = s'$, $\dfrac{t}{3} = t'$ とおくと

$s' + t' = 1$, $s = 2s'$, $t = 3t'$

であるから

$\overrightarrow{\mathrm{OP}} = s\overrightarrow{\mathrm{OA}} + t\overrightarrow{\mathrm{OB}}$

$= 2s'\overrightarrow{\mathrm{OA}} + 3t'\overrightarrow{\mathrm{OB}}$

$= s'(2\overrightarrow{\mathrm{OA}}) + t'(3\overrightarrow{\mathrm{OB}})$

$2\overrightarrow{\mathrm{OA}} = \overrightarrow{\mathrm{OA'}}$, $3\overrightarrow{\mathrm{OB}} = \overrightarrow{\mathrm{OB'}}$ を満たす

2 点 A′, B′ をとると

$\overrightarrow{\mathrm{OP}} = s'\overrightarrow{\mathrm{OA'}} + t'\overrightarrow{\mathrm{OB'}}$, $s' + t' = 1$

よって，点 P の存在範囲は，

下の図の直線 A′B′ 上

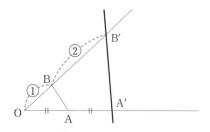

(4) (3)と同様に

$\dfrac{s}{2} = s'$, $\dfrac{t}{3} = t'$ とおき，

$2\overrightarrow{\mathrm{OA}} = \overrightarrow{\mathrm{OA'}}$, $3\overrightarrow{\mathrm{OB}} = \overrightarrow{\mathrm{OB'}}$

とすると

$\overrightarrow{\mathrm{OP}} = s'\overrightarrow{\mathrm{OA'}} + t'\overrightarrow{\mathrm{OB'}}$,

$s' + t' = 1$, $s' \geqq 0$, $t' \geqq 0$

よって，点 P の存在範囲は，

下の図の線分 A′B′ 上

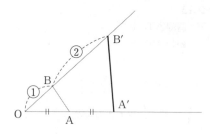

(5) $3s + 2t \leqq 6$ より $\dfrac{s}{2} + \dfrac{t}{3} \leqq 1$

(3)と同様に

$\dfrac{s}{2} = s'$, $\dfrac{t}{3} = t'$ とおき，

$2\overrightarrow{\mathrm{OA}} = \overrightarrow{\mathrm{OA'}}$, $3\overrightarrow{\mathrm{OB}} = \overrightarrow{\mathrm{OB'}}$

とすると

$\overrightarrow{\mathrm{OP}} = s'\overrightarrow{\mathrm{OA'}} + t'\overrightarrow{\mathrm{OB'}}$,

$s' + t' \leqq 1$, $s' \geqq 0$, $t' \geqq 0$

よって，点 P の存在範囲は，

下の図の △OA′B′ の周および内部

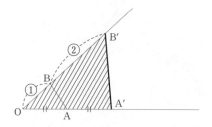

参考

(3) $3s + 2t = 6$ を変形すると

$t = -\dfrac{3}{2}s + 3$

であるから，点 P の存在範囲は

直線 $t = -\dfrac{3}{2}s + 3$ 上

よって，図示すると下図(3)の通り。

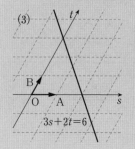

(4) (3)で求めた直線の $s \geqq 0$, $t \geqq 0$ の部分であるから，

点 P の存在範囲は下図(4)の通り。

(5) $3s + 2t \leqq 6$ を変形すると

$t \leqq -\dfrac{3}{2}s + 3$

これらと $s \geqq 0$, $t \geqq 0$ より，

点 P の存在範囲は下図(5)の斜線部分（境界を含む）。

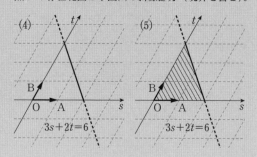

14 ベクトル $\vec{n}$ に垂直な直線

チェック14

ア $x-3y-9=0$

イ $\dfrac{1}{\sqrt{2}}$ ウ $45°$

エ $45°$ ←四角形は，対角の和が $180°$ であるから，外角 θ と内対角 α は等しい

37 $P(x,\ y)$ とすると，$\overrightarrow{AP}=(x+2,\ y-3)$ より
$$5(x+2)-4(y-3)=0$$
すなわち $5x-4y+22=0$

38 線分 AB の中点 M の座標は $M\left(\dfrac{9}{2},\ \dfrac{7}{2}\right)$

また $\overrightarrow{AB}=(3,\ -3)$

求める垂直二等分線は点 M を通り，

$\overrightarrow{AB}$ に垂直な直線であるから，$P(x,\ y)$ とすると
$$3\left(x-\dfrac{9}{2}\right)-3\left(y-\dfrac{7}{2}\right)=0$$
よって $x-y-1=0$

39 $x-\sqrt{3}\,y+1=0$ …①

$-\sqrt{3}\,x+y+2=0$ …②

とする。

①の法線ベクトルは $\vec{n_1}=(1,\ -\sqrt{3}\,)$

②の法線ベクトルは $\vec{n_2}=(-\sqrt{3}\,,\ 1)$

よって，$\vec{n_1}$ と $\vec{n_2}$ のなす角を θ とすると
$$\cos\theta=\dfrac{\vec{n_1}\cdot\vec{n_2}}{|\vec{n_1}||\vec{n_2}|}$$
$$=\dfrac{1\times(-\sqrt{3}\,)+(-\sqrt{3}\,)\times 1}{\sqrt{1^2+(-\sqrt{3}\,)^2}\times\sqrt{(-\sqrt{3}\,)^2+1^2}}$$
$$=\dfrac{-2\sqrt{3}}{2\times 2}=-\dfrac{\sqrt{3}}{2}$$

$0°\leqq\theta\leqq 180°$ であるから $\theta=150°$

ゆえに，求める2直線のなす角 α は

$\alpha=30°$ ←$0°\leqq\alpha\leqq 90°$

40 点 $(5,\ -1)$ を通り，$\vec{n}=(1,\ 2)$ が法線ベクトルである直線の方程式は
$$1(x-5)+2(y+1)=0$$
すなわち $x+2y-3=0$

$\vec{m}=(1,\ -3)$ は直線 $x-3y-2=0$ の

法線ベクトルであるから，

$\vec{n}$ と $\vec{m}$ のなす角を θ とすると
$$\cos\theta=\dfrac{\vec{n}\cdot\vec{m}}{|\vec{n}||\vec{m}|}=\dfrac{1\times 1+2\times(-3)}{\sqrt{1^2+2^2}\times\sqrt{1^2+(-3)^2}}$$
$$=\dfrac{-5}{\sqrt{5}\times\sqrt{10}}=-\dfrac{\sqrt{2}}{2}$$

$0°\leqq\theta\leqq 180°$ であるから $\theta=135°$

よって，求める2直線のなす角 α は

$\alpha=45°$ ←$0°\leqq\alpha\leqq 90°$

15 円のベクトル方程式

チェック15

ア 3

イ 5 ウ 3

エ 4 オ 2

カ 4 キ 2

ク 4 ケ 2

41 (1) $|2\vec{p}-6\vec{a}|=8$ より $|\vec{p}-3\vec{a}|=4$

よって，中心の位置ベクトルは $3\vec{a}$，半径は 4

(2) $(\vec{p}-\vec{a})\cdot(\vec{p}-7\vec{a})=0$
$$|\vec{p}|^2-8\vec{p}\cdot\vec{a}+7|\vec{a}|^2=0$$
$$|\vec{p}|^2-8\vec{p}\cdot\vec{a}+16|\vec{a}|^2=9|\vec{a}|^2$$
$$|\vec{p}-4\vec{a}|^2=9|\vec{a}|^2$$
$$|\vec{p}-4\vec{a}|=3|\vec{a}|$$

よって，中心の位置ベクトルは $4\vec{a}$，半径は $3|\vec{a}|$

別解 $(\vec{p}-\vec{a})\cdot(\vec{p}-7\vec{a})=0$ より，

この円は位置ベクトルが

$\vec{a}$ の点と $7\vec{a}$ の点

を直径の両端とする。

よって，この円の中心の位置ベクトルは
$$\dfrac{\vec{a}+7\vec{a}}{2}=4\vec{a}$$
半径は $\dfrac{|\vec{a}-7\vec{a}|}{2}=3|\vec{a}|$

42 (1) $|\vec{p}-\vec{c}|=3$

(2) $\vec{p}=(x,\ y)$ とすると

$\vec{c}=(5,\ 1)$ より

$\vec{p}-\vec{c}=(x-5,\ y-1)$

(1)より，$|\vec{p}-\vec{c}|=3$ であるから
$$\sqrt{(x-5)^2+(y-1)^2}=3$$
よって $(x-5)^2+(y-1)^2=9$

16 空間の座標

チェック16

ア $-a,\ b,\ -c$

イ $-1,\ -2,\ 3$

ウ $-\dfrac{5}{8}$ ←$x^2+6x+11=x^2-2x+6$

エ $-\dfrac{5}{8}$

43 (1) $P(1,\ 2,\ -3)$ ←xy 平面に対して対称な点 $(a,\ b,\ c)\Longrightarrow(a,\ b,\ -c)$

(2) $Q(1,\ -2,\ -3)$ ←x 軸に関して対称な点 $(a,\ b,\ c)\Longrightarrow(a,\ -b,\ -c)$

(3) $R(-1,\ -2,\ -3)$ ←原点に関して対称な点 $(a,\ b,\ c)\Longrightarrow(-a,\ -b,\ -c)$

44 (1) $OA = \sqrt{1^2 + (-2)^2 + 3^2} = \sqrt{14}$

(2) $AB = \sqrt{(4-2)^2 + (2-5)^2 + (9-3)^2}$
$= \sqrt{49} = 7$

45 点 P の座標を $(0, 0, z)$ とおく。
$AP = BP$ より $AP^2 = BP^2$
よって
$(-2)^2 + 4^2 + (z-3)^2 = 3^2 + (-5)^2 + (z-1)^2$
$z^2 - 6z + 29 = z^2 - 2z + 35$
$4z = -6$
すなわち $z = -\dfrac{3}{2}$

ゆえに $\mathbf{P\left(0,\ 0,\ -\dfrac{3}{2}\right)}$

17 空間のベクトル

チェック 17

ア $\vec{a} + \vec{b} + \vec{c}$

イ $\dfrac{1}{2}\vec{a} - \vec{b} - \vec{c}$

ウ $\dfrac{1}{2}\vec{a} + \dfrac{1}{2}\vec{b} + \vec{c}$

エ $\vec{a} + \vec{b} + 2\vec{c}$

オ 2

46 (1) ① $\overrightarrow{AM} = \dfrac{1}{2}(\overrightarrow{AB} + \overrightarrow{AC})$ ←M は BC の中点
$= \dfrac{1}{2}\vec{a} + \dfrac{1}{2}\vec{b}$

② $\overrightarrow{AN} = \dfrac{1}{2}\overrightarrow{AD}$ ←N は AD の中点
$= \dfrac{1}{2}\vec{c}$

$\overrightarrow{BN} = \overrightarrow{BA} + \overrightarrow{AN}$
$= -\vec{a} + \dfrac{1}{2}\vec{c}$

③ $\overrightarrow{MN} = \overrightarrow{AN} - \overrightarrow{AM}$
$= -\dfrac{1}{2}\vec{a} - \dfrac{1}{2}\vec{b} + \dfrac{1}{2}\vec{c}$

(2) (証明)
$\overrightarrow{DM} = \overrightarrow{AM} - \overrightarrow{AD}$
$= \dfrac{1}{2}\vec{a} + \dfrac{1}{2}\vec{b} - \vec{c}$

$\overrightarrow{NP} = \overrightarrow{AP} - \overrightarrow{AN}$
$= \dfrac{1}{2}\overrightarrow{AM} - \overrightarrow{AN}$ ←P は AM の中点
$= \dfrac{1}{4}\vec{a} + \dfrac{1}{4}\vec{b} - \dfrac{1}{2}\vec{c}$

よって，$\overrightarrow{DM} = 2\overrightarrow{NP}$ が成り立つ。
ゆえに $\overrightarrow{DM} /\!/ \overrightarrow{NP}$ (終)

47 (1) (証明)
$\overrightarrow{DH} = \overrightarrow{BF} = \vec{c}$ であるから
$\overrightarrow{AB} + \overrightarrow{DH} = \overrightarrow{AB} + \overrightarrow{BF} = \overrightarrow{AF}$

(2) (証明) $\overrightarrow{AG} = \overrightarrow{AB} + \overrightarrow{BC} + \overrightarrow{CG}$
$= \vec{a} + \vec{b} + \vec{c}$
$\overrightarrow{BH} = \overrightarrow{BA} + \overrightarrow{AD} + \overrightarrow{DH}$
$= -\vec{a} + \vec{b} + \vec{c}$
$\overrightarrow{CE} = \overrightarrow{CB} + \overrightarrow{BA} + \overrightarrow{AE}$
$= -\vec{a} - \vec{b} + \vec{c}$
$\overrightarrow{DF} = \overrightarrow{DC} + \overrightarrow{CB} + \overrightarrow{BF}$
$= \vec{a} - \vec{b} + \vec{c}$
であるから
$\overrightarrow{AG} + \overrightarrow{BH} + \overrightarrow{CE} + \overrightarrow{DF}$
$= (\vec{a} + \vec{b} + \vec{c}) + (-\vec{a} + \vec{b} + \vec{c})$
$\quad + (-\vec{a} - \vec{b} + \vec{c}) + (\vec{a} - \vec{b} + \vec{c})$
$= 4\vec{c}$
$= 4\overrightarrow{AE}$ (終)

18 空間ベクトルの成分

チェック 18

ア $\sqrt{3}$ ← $\sqrt{1^2 + 1^2 + (-1)^2}$

イ 1 ウ -2 エ 3

オ 1 カ 2 キ 3

48 (1) $-3\vec{a} = -3(3, 2, -1)$
$= (-9, -6, 3)$
$|-3\vec{a}| = \sqrt{(-9)^2 + (-6)^2 + 3^2}$
$= \sqrt{126} = 3\sqrt{14}$

別解 $|-3\vec{a}| = 3|\vec{a}| = 3\sqrt{3^2 + 2^2 + (-1)^2}$
$= 3\sqrt{14}$

(2) $\vec{a} - \vec{b} = (3, 2, -1) - (-2, 0, 1)$
$= (5, 2, -2)$
$|\vec{a} - \vec{b}| = \sqrt{5^2 + 2^2 + (-2)^2} = \sqrt{33}$

(3) $\vec{a} - 2\vec{b} - 3\vec{c}$
$= (3, 2, -1) - 2(-2, 0, 1) - 3(1, -1, -3)$
$= (3, 2, -1) + (4, 0, -2) + (-3, 3, 9)$
$= (4, 5, 6)$
$|\vec{a} - 2\vec{b} - 3\vec{c}| = \sqrt{4^2 + 5^2 + 6^2} = \sqrt{77}$

49 D の座標を (x, y, z) とおく。
四角形 ABCD が平行四辺形となるとき，
1 組の対辺が平行で，長さが等しい。
よって，$\overrightarrow{AD} = \overrightarrow{BC}$ となればよいから
$(x-2, y+1, z-3) = (-13, 3, -8)$
ゆえに $x = -11, y = 2, z = -5$
したがって $\mathbf{D(-11, 2, -5)}$

参考

「四角形 ABCD」は，4点 A，B，C，D が
その順に並ぶ四角形のことをいう。
その並び方は時計回りでも反
計回りでもよいが，
右の図のような図形は，四角形
ABCD とはいわない。

50

$l\vec{a} + m\vec{b} + n\vec{c}$

$= l(2, 3, -1) + m(1, -1, -2) + n(0, 3, 3)$

$\vec{p}$ と成分を比較して

$2l + m = 1$ ……①

$3l - m + 3n = 0$ ……②

$-l - 2m + 3n = 1$ ……③

②－③ より $4l + m = -1$ ……④

④－① より $2l = -2$

よって $l = -1$

①に代入して $-2 + m = 1$

ゆえに $m = 3$

②に代入して $-3 - 3 + 3n = 0$

したがって $n = 2$

以上より $\vec{p} = -\vec{a} + 3\vec{b} + 2\vec{c}$

19 空間ベクトルの内積

チェック19

ア 1

イ 1

ウ $\dfrac{1}{2}$ ←①＋② より $-x + 2y = 0$

エ － ←①×3＋②×2 より $-x - z = 0$

オ $\dfrac{2}{3}$, $\dfrac{1}{3}$, $-\dfrac{2}{3}$ 　$x^2 + y^2 + z^2 = 1$

　　　　　　　　　　　$x^2 + \left(\dfrac{1}{2}x\right)^2 + (-x)^2 = 1$

カ $-\dfrac{2}{3}$, $-\dfrac{1}{3}$, $\dfrac{2}{3}$ 　$\dfrac{9}{4}x^2 = 1$

　　　　　　　　　　　$x = \pm\dfrac{2}{3}$

51

(1) $\overrightarrow{OA} \cdot \overrightarrow{OB} = 2 \times 2 \times \cos 60°$

$= 4 \times \dfrac{1}{2} = \mathbf{2}$

(2) $\overrightarrow{OA} \cdot \overrightarrow{AB} = 2 \times 2 \times \cos 120°$

$= 4 \times \left(-\dfrac{1}{2}\right) = \mathbf{-2}$

(3) $\overrightarrow{AM} \cdot \overrightarrow{BC} = 1 \times 2 \times \cos 120°$

$= 2 \times \left(-\dfrac{1}{2}\right) = \mathbf{-1}$

(4) $\overrightarrow{AB} \cdot \overrightarrow{CM} = 2 \times \sqrt{3} \times \cos 90° = \mathbf{0}$

52

(1) $\vec{a} \cdot \vec{b} = 0 \times 2 + (-1) \times 2 + 1 \times (-1)$

$= -3$

$|\vec{a}| = \sqrt{0^2 + (-1)^2 + 1^2} = \sqrt{2}$

$|\vec{b}| = \sqrt{2^2 + 2^2 + (-1)^2} = \sqrt{9} = 3$

よって

$\cos\theta = \dfrac{\vec{a} \cdot \vec{b}}{|\vec{a}||\vec{b}|} = \dfrac{-3}{\sqrt{2} \times 3} = -\dfrac{1}{\sqrt{2}}$

$0° \leqq \theta \leqq 180°$ であるから $\theta = \mathbf{135°}$

(2) $\vec{a} \cdot \vec{b} = 1 \times 1 + (-2) \times 2 + 1 \times 3 = 0$

よって $\theta = \mathbf{90°}$ ←$\vec{a} \perp \vec{b} \Longleftrightarrow \vec{a} \cdot \vec{b} = 0$

53

$\vec{a} = (-3, 0, -3\sqrt{3})$ と z 軸上の単位ベクトル

$\vec{e} = (0, 0, 1)$ とのなす角を求めればよい。

$\vec{a} \cdot \vec{e} = (-3) \times 0 + 0 \times 0 + (-3\sqrt{3}) \times 1$

$= -3\sqrt{3}$

$|\vec{a}| = \sqrt{(-3)^2 + 0^2 + (-3\sqrt{3})^2}$

$= \sqrt{36} = 6$

$|\vec{e}| = 1$

よって

$\cos\theta = \dfrac{\vec{a} \cdot \vec{e}}{|\vec{a}||\vec{e}|} = \dfrac{-3\sqrt{3}}{6 \times 1} = -\dfrac{\sqrt{3}}{2}$

$0° \leqq \theta \leqq 180°$ であるから $\theta = \mathbf{150°}$

54

求めるベクトルを $\vec{c} = (x, y, z)$ とおく。

$\vec{a} \perp \vec{c}$ であるから，$\vec{a} \cdot \vec{c} = 0$

よって $3x + 4y - z = 0$ ……①

$\vec{b} \perp \vec{c}$ であるから，$\vec{b} \cdot \vec{c} = 0$

よって $-5x - 4y + 2z = 0$ ……②

$|\vec{c}| = 9$ より，$|\vec{c}|^2 = 81$ であるから

$x^2 + y^2 + z^2 = 81$ ……③

①×2＋② より $x + 4y = 0$

すなわち $y = -\dfrac{1}{4}x$

①＋② より $-2x + z = 0$

すなわち $z = 2x$

③に代入して

$x^2 + \left(-\dfrac{1}{4}x\right)^2 + (2x)^2 = 81$

$\dfrac{81}{16}x^2 = 81$

$x^2 = 16$

ゆえに $x = \pm 4$

$x = 4$ のとき

$y = -1, z = 8$

$x = -4$ のとき

$y = 1, z = -8$

以上より

$\vec{c} = (4, -1, 8)$ または $(-4, 1, -8)$

20 空間の位置ベクトル

チェック 20

ア $\dfrac{2}{5}$ イ $\dfrac{3}{5}$ ウ $\dfrac{1}{3}$ エ $\dfrac{2}{3}$

オ $\dfrac{3}{5}$ カ $\dfrac{1}{3}$ キ $\dfrac{1}{15}$

55 (1) $\overrightarrow{OP} = \dfrac{1}{2}\overrightarrow{OA}$ ←P は OA の中点

$\phantom{\overrightarrow{OP}} = \dfrac{1}{2}\vec{a}$

(2) $\overrightarrow{OQ} = \dfrac{\overrightarrow{OB} + 3\overrightarrow{OC}}{4}$ ←Q は BC を 3：1 に内分

$\phantom{\overrightarrow{OQ}} = \dfrac{\vec{b} + 3\vec{c}}{4} = \dfrac{1}{4}\vec{b} + \dfrac{3}{4}\vec{c}$

(3) $\overrightarrow{PQ} = \overrightarrow{OQ} - \overrightarrow{OP}$

$\phantom{\overrightarrow{PQ}} = \left(\dfrac{1}{4}\vec{b} + \dfrac{3}{4}\vec{c}\right) - \dfrac{1}{2}\vec{a}$

$\phantom{\overrightarrow{PQ}} = -\dfrac{1}{2}\vec{a} + \dfrac{1}{4}\vec{b} + \dfrac{3}{4}\vec{c}$

(4) $\overrightarrow{OR} = \dfrac{-\overrightarrow{OA} + 3\overrightarrow{OB}}{3 - 1}$ ←R は AB を 3：1 に外分

$\phantom{\overrightarrow{OR}} = \dfrac{-\vec{a} + 3\vec{b}}{2} = -\dfrac{1}{2}\vec{a} + \dfrac{3}{2}\vec{b}$

(5) $\overrightarrow{OG} = \dfrac{\overrightarrow{OA} + \overrightarrow{OQ} + \overrightarrow{OR}}{3}$ ←G は △AQR の重心

$\phantom{\overrightarrow{OG}} = \dfrac{1}{3}\left\{\vec{a} + \left(\dfrac{1}{4}\vec{b} + \dfrac{3}{4}\vec{c}\right) + \left(-\dfrac{1}{2}\vec{a} + \dfrac{3}{2}\vec{b}\right)\right\}$

$\phantom{\overrightarrow{OG}} = \dfrac{1}{3}\left(\dfrac{1}{2}\vec{a} + \dfrac{7}{4}\vec{b} + \dfrac{3}{4}\vec{c}\right)$

$\phantom{\overrightarrow{OG}} = \dfrac{1}{6}\vec{a} + \dfrac{7}{12}\vec{b} + \dfrac{1}{4}\vec{c}$

56 原点 O を基準とすると

$\overrightarrow{OA} = (2,\ -1,\ 3)$

$\overrightarrow{OB} = (-1,\ 5,\ 0)$

(1) $\overrightarrow{OP} = \dfrac{2\overrightarrow{OA} + \overrightarrow{OB}}{3}$

$\phantom{\overrightarrow{OP}} = \dfrac{2}{3}(2,\ -1,\ 3) + \dfrac{1}{3}(-1,\ 5,\ 0)$

$\phantom{\overrightarrow{OP}} = \left(\dfrac{4}{3} - \dfrac{1}{3},\ -\dfrac{2}{3} + \dfrac{5}{3},\ 2 + 0\right)$

$\phantom{\overrightarrow{OP}} = (1,\ 1,\ 2)$

よって $\mathbf{P(1,\ 1,\ 2)}$

(2) $\overrightarrow{OM} = \dfrac{\overrightarrow{OA} + \overrightarrow{OB}}{2}$

$\phantom{\overrightarrow{OM}} = \dfrac{1}{2}(2,\ -1,\ 3) + \dfrac{1}{2}(-1,\ 5,\ 0)$

$\phantom{\overrightarrow{OM}} = \left(1 - \dfrac{1}{2},\ -\dfrac{1}{2} + \dfrac{5}{2},\ \dfrac{3}{2} + 0\right)$

$\phantom{\overrightarrow{OM}} = \left(\dfrac{1}{2},\ 2,\ \dfrac{3}{2}\right)$

よって $\mathbf{M\left(\dfrac{1}{2},\ 2,\ \dfrac{3}{2}\right)}$

(3) $\overrightarrow{OQ} = \dfrac{-2\overrightarrow{OA} + 3\overrightarrow{OB}}{3 - 2}$

$\phantom{\overrightarrow{OQ}} = -2\overrightarrow{OA} + 3\overrightarrow{OB}$

$\phantom{\overrightarrow{OQ}} = -2(2,\ -1,\ 3) + 3(-1,\ 5,\ 0)$

$\phantom{\overrightarrow{OQ}} = (-4 - 3,\ 2 + 15,\ -6 + 0)$

$\phantom{\overrightarrow{OQ}} = (-7,\ 17,\ -6)$

よって $\mathbf{Q(-7,\ 17,\ -6)}$

(4) $\overrightarrow{OR} = \dfrac{-3\overrightarrow{OA} + 2\overrightarrow{OB}}{2 - 3}$

$\phantom{\overrightarrow{OR}} = 3\overrightarrow{OA} - 2\overrightarrow{OB}$

$\phantom{\overrightarrow{OR}} = 3(2,\ -1,\ 3) - 2(-1,\ 5,\ 0)$

$\phantom{\overrightarrow{OR}} = (6 + 2,\ -3 - 10,\ 9 - 0)$

$\phantom{\overrightarrow{OR}} = (8,\ -13,\ 9)$

よって $\mathbf{R(8,\ -13,\ 9)}$

21 空間における直線上の点

チェック 21

ア $\dfrac{1}{2}$ イ $\dfrac{1}{2}$ ←$(\vec{b} + \vec{d} + \vec{e}) - \left(\dfrac{1}{2}\vec{b} + \dfrac{1}{2}\vec{e}\right)$

ウ $\dfrac{1}{6}$ エ $\dfrac{1}{3}$ オ $\dfrac{1}{6}$ ←$\left(\dfrac{2}{3}\vec{b} + \dfrac{1}{3}\vec{d} + \dfrac{2}{3}\vec{e}\right)$

カ $\dfrac{1}{3}$ $ -\left(\dfrac{1}{2}\vec{b} + \dfrac{1}{2}\vec{e}\right)$

57 (証明)

$\overrightarrow{AC} = \overrightarrow{AB} + \overrightarrow{BC} = \vec{b} + \vec{d}$

$\overrightarrow{AG} = \overrightarrow{AB} + \overrightarrow{BC} + \overrightarrow{CG} = \vec{b} + \vec{d} + \vec{e}$

点 P は △BDG の重心であるから

$\overrightarrow{AP} = \dfrac{\overrightarrow{AB} + \overrightarrow{AD} + \overrightarrow{AG}}{3}$

$\phantom{\overrightarrow{AP}} = \dfrac{1}{3}\vec{b} + \dfrac{1}{3}\vec{d} + \dfrac{1}{3}(\vec{b} + \vec{d} + \vec{e})$

$\phantom{\overrightarrow{AP}} = \dfrac{2}{3}\vec{b} + \dfrac{2}{3}\vec{d} + \dfrac{1}{3}\vec{e}$

よって

$\overrightarrow{EP} = \overrightarrow{AP} - \overrightarrow{AE}$

$\phantom{\overrightarrow{EP}} = \left(\dfrac{2}{3}\vec{b} + \dfrac{2}{3}\vec{d} + \dfrac{1}{3}\vec{e}\right) - \vec{e}$

$\phantom{\overrightarrow{EP}} = \dfrac{2}{3}\vec{b} + \dfrac{2}{3}\vec{d} - \dfrac{2}{3}\vec{e}$

$\phantom{\overrightarrow{EP}} = \dfrac{2}{3}(\vec{b} + \vec{d} - \vec{e})$

$\overrightarrow{EC} = \overrightarrow{AC} - \overrightarrow{AE}$

$\phantom{\overrightarrow{EC}} = (\vec{b} + \vec{d}) - \vec{e} = \vec{b} + \vec{d} - \vec{e}$

ゆえに $\overrightarrow{EP} = \dfrac{2}{3}\overrightarrow{EC}$

したがって，3 点 C，P，E は一直線上にある。(終)

58 $\overrightarrow{PQ} = (1,\ 5,\ -4)$

$\overrightarrow{PR} = (x - 2,\ y + 1,\ 2)$

3 点 P，Q，R は一直線上にあるから，

$\overrightarrow{PR} = k\overrightarrow{PQ}$ となる実数 k が存在する。

よって
$$(x-2,\ y+1,\ 2) = k(1,\ 5,\ -4)$$
ゆえに
$$\begin{cases} x-2 = k & \cdots ① \\ y+1 = 5k & \cdots ② \\ 2 = -4k & \cdots ③ \end{cases}$$
③より $k = -\dfrac{1}{2}$

したがって，①，②より
$$x = \dfrac{3}{2},\ y = -\dfrac{7}{2}$$

59 点 H は直線 l 上の点であるから，実数 t を用いて
$$\overrightarrow{OH} = \overrightarrow{OA} + t\overrightarrow{AB}$$
$\;\;$A($\vec{a}$) を通り，$\overrightarrow{AB}$ に平行な
直線のベクトル方程式

と表される。
$$\begin{aligned}\overrightarrow{AB} &= \overrightarrow{OB} - \overrightarrow{OA} \\ &= (0,\ 3,\ -3) - (6,\ 0,\ 3) \\ &= (-6,\ 3,\ -6)\end{aligned}$$
であるから
$$\begin{aligned}\overrightarrow{OH} &= \overrightarrow{OA} + t\overrightarrow{AB} \\ &= (6,\ 0,\ 3) + t(-6,\ 3,\ -6) \\ &= (6-6t,\ 3t,\ 3-6t) \quad \cdots ①\end{aligned}$$
ここで，$\overrightarrow{OH} \perp \overrightarrow{AB}$ より
$$\overrightarrow{OH} \cdot \overrightarrow{AB} = 0$$
よって
$$-6(6-6t) + 3\cdot 3t - 6(3-6t) = 0$$
$$81t - 54 = 0$$
$$t = \dfrac{2}{3}$$
これを①に代入して
$$\overrightarrow{OH} = (2,\ 2,\ -1)$$
よって **H$(2,\ 2,\ -1)$**

22 同じ平面上にある4点

チェック 22

ア $\dfrac{2}{5}$　イ $\dfrac{1}{5}$　ウ $\dfrac{1}{5}$

エ $\dfrac{4}{5}$　$\leftarrow \dfrac{2}{5}t + \dfrac{1}{5}t + \dfrac{1}{5}t = 1$

オ $\dfrac{5}{4}$

カ $\dfrac{1}{2}$　キ $\dfrac{1}{4}$　ク $\dfrac{1}{4}$

60 交点を P$(x,\ 0,\ 0)$ とおく。
$$\overrightarrow{AB} = (1,\ -2,\ 3)$$
$$\overrightarrow{AC} = (-1,\ -1,\ 2)$$
$$\overrightarrow{AP} = (x-1,\ 1,\ 3)$$
点 P が平面 ABC 上にあるから
$$\overrightarrow{AP} = s\overrightarrow{AB} + t\overrightarrow{AC}$$
となる実数 $s,\ t$ がただ 1 組定まる。

よって
$$(x-1,\ 1,\ 3) = s(1,\ -2,\ 3) + t(-1,\ -1,\ 2)$$
すなわち
$$\begin{cases} x-1 = s-t & \cdots ① \\ 1 = -2s-t & \cdots ② \\ 3 = 3s+2t & \cdots ③ \end{cases}$$
②×2＋③ より $5 = -s$
すなわち $s = -5$
これを②に代入して $1 = 10 - t$
ゆえに $t = 9$
これらを①に代入して $x-1 = -5-9$
したがって $x = -13$

61
$$\overrightarrow{OM} = \dfrac{1}{3}\overrightarrow{OA}$$
$$\overrightarrow{ON} = \dfrac{2\overrightarrow{OB} + \overrightarrow{OC}}{3} = \dfrac{2}{3}\overrightarrow{OB} + \dfrac{1}{3}\overrightarrow{OC}$$
であるから
$$\begin{aligned}\overrightarrow{OL} &= \dfrac{1}{2}(\overrightarrow{OM} + \overrightarrow{ON}) \\ &= \dfrac{1}{2}\left(\dfrac{1}{3}\overrightarrow{OA} + \dfrac{2}{3}\overrightarrow{OB} + \dfrac{1}{3}\overrightarrow{OC}\right) \\ &= \dfrac{1}{6}\overrightarrow{OA} + \dfrac{1}{3}\overrightarrow{OB} + \dfrac{1}{6}\overrightarrow{OC}\end{aligned}$$
点 P は直線 OL 上にあるから
$$\overrightarrow{OP} = k\overrightarrow{OL}$$
となる実数 k が存在する。
よって
$$\begin{aligned}\overrightarrow{OP} &= k\left(\dfrac{1}{6}\overrightarrow{OA} + \dfrac{1}{3}\overrightarrow{OB} + \dfrac{1}{6}\overrightarrow{OC}\right) \\ &= \dfrac{k}{6}\overrightarrow{OA} + \dfrac{k}{3}\overrightarrow{OB} + \dfrac{k}{6}\overrightarrow{OC} \quad \cdots ①\end{aligned}$$
また，点 P は平面 ABC 上にあるから
$$\overrightarrow{AP} = s\overrightarrow{AB} + t\overrightarrow{AC}$$
となる実数 $s,\ t$ がただ 1 組定まる。
よって
$$\begin{aligned}\overrightarrow{OP} &= \overrightarrow{OA} + \overrightarrow{AP} \\ &= \overrightarrow{OA} + (s\overrightarrow{AB} + t\overrightarrow{AC}) \\ &= \overrightarrow{OA} + s(\overrightarrow{OB} - \overrightarrow{OA}) + t(\overrightarrow{OC} - \overrightarrow{OA}) \\ &= (1-s-t)\overrightarrow{OA} + s\overrightarrow{OB} + t\overrightarrow{OC} \quad \cdots ②\end{aligned}$$
3 点 A，B，C は一直線上にないから，①，②より
$$\begin{cases} \dfrac{k}{6} = 1-s-t & \cdots ③ \\ \dfrac{k}{3} = s & \cdots ④ \\ \dfrac{k}{6} = t & \cdots ⑤ \end{cases}$$
④，⑤を③に代入して
$$\dfrac{k}{6} = 1 - \dfrac{k}{3} - \dfrac{k}{6}$$
これを解いて $k = \dfrac{3}{2}$
ゆえに $\overrightarrow{OP} = \dfrac{1}{4}\overrightarrow{OA} + \dfrac{1}{2}\overrightarrow{OB} + \dfrac{1}{4}\overrightarrow{OC}$

$\overrightarrow{\text{OM}} = \dfrac{1}{3}\overrightarrow{\text{OA}}$

$\overrightarrow{\text{ON}} = \dfrac{2\overrightarrow{\text{OB}}+\overrightarrow{\text{OC}}}{3} = \dfrac{2}{3}\overrightarrow{\text{OB}} + \dfrac{1}{3}\overrightarrow{\text{OC}}$

であるから

$\overrightarrow{\text{OL}} = \dfrac{1}{2}(\overrightarrow{\text{OM}}+\overrightarrow{\text{ON}})$

$= \dfrac{1}{2}\left(\dfrac{1}{3}\overrightarrow{\text{OA}} + \dfrac{2}{3}\overrightarrow{\text{OB}} + \dfrac{1}{3}\overrightarrow{\text{OC}} \right)$

$= \dfrac{1}{6}\overrightarrow{\text{OA}} + \dfrac{1}{3}\overrightarrow{\text{OB}} + \dfrac{1}{6}\overrightarrow{\text{OC}}$

点 P は直線 OL 上にあるから

$\overrightarrow{\text{OP}} = k\overrightarrow{\text{OL}}$

となる実数 k が存在する。

よって

$\overrightarrow{\text{OP}} = k\left(\dfrac{1}{6}\overrightarrow{\text{OA}} + \dfrac{1}{3}\overrightarrow{\text{OB}} + \dfrac{1}{6}\overrightarrow{\text{OC}} \right)$

$= \dfrac{k}{6}\overrightarrow{\text{OA}} + \dfrac{k}{3}\overrightarrow{\text{OB}} + \dfrac{k}{6}\overrightarrow{\text{OC}}$

ここで, 点 P は平面 ABC 上にあるから

$\dfrac{k}{6} + \dfrac{k}{3} + \dfrac{k}{6} = 1$ ←$r+s+t=1$

すなわち $\dfrac{2}{3}k = 1$

ゆえに $k = \dfrac{3}{2}$

したがって

$\overrightarrow{\text{OP}} = \dfrac{1}{4}\overrightarrow{\text{OA}} + \dfrac{1}{2}\overrightarrow{\text{OB}} + \dfrac{1}{4}\overrightarrow{\text{OC}}$

23 平面・球面の方程式

チェック 23

ア 3

イ $(x-2)^2+(y+3)^2+(z-1)^2 = 9$

ウ 5

エ $-1,\ 3,\ 0$

オ $\sqrt{5}$

62 (1) $x = 2$

(2) $z = 7$

(3) $(x+3)^2+(y-2)^2+(z-1)^2 = 25$

(4) 中心は 2 点の中点であるから

$(2,\ 2,\ -2)$

半径は   ←円の中心から $(1,\ -1,\ 2)$ までの距離

$\sqrt{(2-1)^2+(2+1)^2+(-2-2)^2} = \sqrt{26}$

求める球面の方程式は

$(x-2)^2+(y-2)^2+(z+2)^2 = 26$

63 $(x+2)^2-4+(y-3)^2-9+(z+1)^2-1-2 = 0$

より

$(x+2)^2+(y-3)^2+(z+1)^2 = 16$

よって, **中心 $(-2,\ 3,\ -1)$, 半径 4**

64 (1) 球面の方程式において, $z = 0$ とすると

$(x-3)^2+(y+2)^2+(0-1)^2 = 12$

$(x-3)^2+(y+2)^2 = 11$

よって, **中心 $(3,\ -2,\ 0)$, 半径 $\sqrt{11}$ の円**

(2) 球面の方程式において, $y = 0$ とすると

$(x-3)^2+(0+2)^2+(z-1)^2 = 12$

$(x-3)^2+(z-1)^2 = 8$

よって, **中心 $(3,\ 0,\ 1)$, 半径 $2\sqrt{2}$ の円**

(3) 球面の方程式において, $x = 1$ とすると

$(1-3)^2+(y+2)^2+(z-1)^2 = 12$

$(y+2)^2+(z-1)^2 = 8$

よって, **中心 $(1,\ -2,\ 1)$, 半径 $2\sqrt{2}$ の円**

65 $|\overrightarrow{\text{OP}}|^2 - 2\overrightarrow{\text{OA}}\cdot\overrightarrow{\text{OP}} + 13 = 0$ より

$|\overrightarrow{\text{OP}}|^2 - 2\overrightarrow{\text{OA}}\cdot\overrightarrow{\text{OP}} + |\overrightarrow{\text{OA}}|^2 - |\overrightarrow{\text{OA}}|^2 + 13 = 0$

$|\overrightarrow{\text{OP}} - \overrightarrow{\text{OA}}|^2 - |\overrightarrow{\text{OA}}|^2 + 13 = 0$

$|\overrightarrow{\text{OP}} - \overrightarrow{\text{OA}}|^2 = |\overrightarrow{\text{OA}}|^2 - 13$

ここで

$|\overrightarrow{\text{OA}}|^2 = 3^2+(-5)^2+2^2 = 38$

であるから

$|\overrightarrow{\text{OP}} - \overrightarrow{\text{OA}}|^2 = 25$

$|\overrightarrow{\text{OP}} - \overrightarrow{\text{OA}}| \geqq 0$ であるから

$|\overrightarrow{\text{OP}} - \overrightarrow{\text{OA}}| = 5$

よって, 中心 A, 半径 5 の球

すなわち, **中心 $(3,\ -5,\ 2)$, 半径 5 の球**

別解 $\overrightarrow{\text{OP}} = (x,\ y,\ z)$ とおく。

$|\overrightarrow{\text{OP}}|^2 = x^2+y^2+z^2$

$\overrightarrow{\text{OA}}\cdot\overrightarrow{\text{OP}} = 3x-5y+2z$

であるから, 与式に代入すると

$(x^2+y^2+z^2) - (6x+10y-4z) + 13 = 0$

$(x-3)^2+(y+5)^2+(z-2)^2 = 25$

すなわち, **中心 $(3,\ -5,\ 2)$, 半径 5 の球**

発展 直線と平面の垂直

チェック 24

ア $\dfrac{1}{4}$ イ $\dfrac{1}{4}$

ウ $\dfrac{2}{3}$ エ $\dfrac{1}{6}$ オ $\dfrac{1}{6}$

カ $\dfrac{2}{3},\ \dfrac{1}{3},\ -\dfrac{1}{3}$

キ $\dfrac{\sqrt{6}}{3}$ ←$\sqrt{\left(\dfrac{2}{3}\right)^2+\left(\dfrac{1}{3}\right)^2+\left(-\dfrac{1}{3}\right)^2}$

66 $\overrightarrow{OA} = \vec{a}$, $\overrightarrow{OB} = \vec{b}$, $\overrightarrow{OC} = \vec{c}$, $\overrightarrow{OH} = \vec{h}$ とする。

点 H($\vec{h}$) が 3 点 A($\vec{a}$), B($\vec{b}$), C($\vec{c}$) の定める平面 ABC 上にあるから,

$$\vec{h} = r\vec{a} + s\vec{b} + t\vec{c}, \quad r+s+t=1 \quad \cdots ①$$

となる実数 r, s, t がただ 1 組定まる。

よって

$$\vec{h} = r(1, 0, 0) + s(0, 2, 0) + t(0, 0, 3)$$
$$= (r, 2s, 3t)$$

また $\overrightarrow{AB} = (-1, 2, 0)$

$\overrightarrow{AC} = (-1, 0, 3)$

OH は平面 ABC に垂直であるから

$$\vec{h} \perp \overrightarrow{AB}, \ \vec{h} \perp \overrightarrow{AC}$$

$\vec{h} \cdot \overrightarrow{AB} = 0$ より $-r + 4s = 0$ $\cdots ②$

$\vec{h} \cdot \overrightarrow{AC} = 0$ より $-r + 9t = 0$ $\cdots ③$

②より $s = \dfrac{1}{4}r$

③より $t = \dfrac{1}{9}r$

①に代入して $r + \dfrac{1}{4}r + \dfrac{1}{9}r = 1$

すなわち $\dfrac{49}{36}r = 1$

ゆえに $r = \dfrac{36}{49}$, $s = \dfrac{9}{49}$, $t = \dfrac{4}{49}$

これより

$$\overrightarrow{OH} = \vec{h} = \left(\dfrac{36}{49}, \ \dfrac{18}{49}, \ \dfrac{12}{49} \right)$$

$$|\overrightarrow{OH}| = \sqrt{\left(\dfrac{36}{49} \right)^2 + \left(\dfrac{18}{49} \right)^2 + \left(\dfrac{12}{49} \right)^2}$$

$$= \sqrt{\left(\dfrac{42}{49} \right)^2} = \dfrac{42}{49} = \dfrac{6}{7}$$

したがって $H\left(\dfrac{36}{49}, \ \dfrac{18}{49}, \ \dfrac{12}{49} \right)$, $OH = \dfrac{6}{7}$

67 (1) $|\overrightarrow{AB}| = \sqrt{7}$ より $|\vec{b} - \vec{a}| = \sqrt{7}$

両辺を 2 乗して

$$|\vec{b}|^2 - 2\vec{a} \cdot \vec{b} + |\vec{a}|^2 = 7$$
$$(\sqrt{3})^2 - 2\vec{a} \cdot \vec{b} + 2^2 = 7$$
$$\vec{a} \cdot \vec{b} = \mathbf{0}$$

$|\overrightarrow{BC}| = 3$ より $|\vec{c} - \vec{b}| = 3$

両辺を 2 乗して

$$|\vec{c}|^2 - 2\vec{b} \cdot \vec{c} + |\vec{b}|^2 = 9$$
$$(\sqrt{7})^2 - 2\vec{b} \cdot \vec{c} + (\sqrt{3})^2 = 9$$
$$\vec{b} \cdot \vec{c} = \dfrac{1}{2}$$

$|\overrightarrow{CA}| = \sqrt{5}$ より $|\vec{a} - \vec{c}| = \sqrt{5}$

両辺を 2 乗して

$$|\vec{a}|^2 - 2\vec{c} \cdot \vec{a} + |\vec{c}|^2 = 5$$
$$2^2 - 2\vec{c} \cdot \vec{a} + (\sqrt{7})^2 = 5$$
$$\vec{c} \cdot \vec{a} = \mathbf{3}$$

(2) 点 H が平面 OAB 上にあるから

$$\overrightarrow{OH} = s\vec{a} + t\vec{b}$$

となる実数 s, t がただ 1 組定まる。

CH $\perp$ OA より $\overrightarrow{CH} \cdot \overrightarrow{OA} = 0$

$$(\overrightarrow{OH} - \overrightarrow{OC}) \cdot \overrightarrow{OA} = 0$$
$$(s\vec{a} + t\vec{b} - \vec{c}) \cdot \vec{a} = 0$$
$$s|\vec{a}|^2 + t\vec{a} \cdot \vec{b} - \vec{c} \cdot \vec{a} = 0$$

よって $4s - 3 = 0$

ゆえに $s = \dfrac{3}{4}$

CH $\perp$ OB より $\overrightarrow{CH} \cdot \overrightarrow{OB} = 0$

$$(\overrightarrow{OH} - \overrightarrow{OC}) \cdot \overrightarrow{OB} = 0$$
$$(s\vec{a} + t\vec{b} - \vec{c}) \cdot \vec{b} = 0$$
$$s\vec{a} \cdot \vec{b} + t|\vec{b}|^2 - \vec{b} \cdot \vec{c} = 0$$

よって $3t - \dfrac{1}{2} = 0$

ゆえに $t = \dfrac{1}{6}$

したがって $\overrightarrow{OH} = \dfrac{3}{4}\vec{a} + \dfrac{1}{6}\vec{b}$

(3) $\vec{a} \cdot \vec{b} = 0$ であるから $\angle AOB = 90°$

よって

$$\triangle OAB = \dfrac{1}{2} OA \times OB$$
$$= \dfrac{1}{2} \times 2 \times \sqrt{3} = \sqrt{3}$$

$$\overrightarrow{CH} = \overrightarrow{OH} - \overrightarrow{OC}$$
$$= \dfrac{3}{4}\vec{a} + \dfrac{1}{6}\vec{b} - \vec{c}$$

であるから

$$|\overrightarrow{CH}|^2 = \left| \dfrac{3}{4}\vec{a} + \dfrac{1}{6}\vec{b} - \vec{c} \right|^2$$

$$= \dfrac{9}{16}|\vec{a}|^2 + \dfrac{1}{36}|\vec{b}|^2 + |\vec{c}|^2$$
$$+ \dfrac{1}{4}\vec{a} \cdot \vec{b} - \dfrac{1}{3}\vec{b} \cdot \vec{c} - \dfrac{3}{2}\vec{c} \cdot \vec{a}$$

$$= \dfrac{9}{16} \times 4 + \dfrac{1}{36} \times 3 + 7$$
$$+ \dfrac{1}{4} \times 0 - \dfrac{1}{3} \times \dfrac{1}{2} - \dfrac{3}{2} \times 3$$

$$= \dfrac{14}{3}$$

$|\overrightarrow{CH}| \geqq 0$ であるから

$$|\overrightarrow{CH}| = \sqrt{\dfrac{14}{3}}$$

ゆえに, 四面体 OABC の体積は

$$\dfrac{1}{3} \times \sqrt{3} \times \sqrt{\dfrac{14}{3}} = \dfrac{\sqrt{14}}{3}$$

チャレンジ問題

1

(1) A(3, 3, −6), B(2 + 2√3, 2 − 2√3, −4) であるから

$$|\overrightarrow{OA}| = \sqrt{3^2 + 3^2 + (-6)^2}$$
$$= \sqrt{54} = {}^{ア}\boxed{3}\sqrt{{}^{イ}\boxed{6}}$$

$$|\overrightarrow{OB}| = \sqrt{(2+2\sqrt{3})^2 + (2-2\sqrt{3})^2 + (-4)^2}$$
$$= \sqrt{(16+8\sqrt{3}) + (16-8\sqrt{3}) + 16}$$
$$= \sqrt{48} = {}^{ウ}\boxed{4}\sqrt{{}^{エ}\boxed{3}}$$

$$\overrightarrow{OA} \cdot \overrightarrow{OB} = 3 \cdot (2+2\sqrt{3}) + 3 \cdot (2-2\sqrt{3}) + (-6) \cdot (-4)$$
$$= (6+6\sqrt{3}) + (6-6\sqrt{3}) + 24 = {}^{オカ}\boxed{36}$$

●空間ベクトルの大きさ

$\vec{a} = (a_1, a_2, a_3)$ のとき

$$|\vec{a}| = \sqrt{a_1^2 + a_2^2 + a_3^2}$$

(2) ①の $\overrightarrow{OA} \perp \overrightarrow{OC}$ より $\overrightarrow{OA} \cdot \overrightarrow{OC} = 0$

また，点 C が平面 α 上にあるから，s, t を実数とすると

$$\overrightarrow{OA} \cdot \overrightarrow{OC} = \overrightarrow{OA} \cdot (s\overrightarrow{OA} + t\overrightarrow{OB})$$
$$= s|\overrightarrow{OA}|^2 + t\overrightarrow{OA} \cdot \overrightarrow{OB} \quad \leftarrow \overrightarrow{OC} = s\overrightarrow{OA} + t\overrightarrow{OB}$$

これらと(1)より

$$(3\sqrt{6})^2 s + 36t = 0 \quad \leftarrow |\overrightarrow{OA}| = 3\sqrt{6}, \ \overrightarrow{OA} \cdot \overrightarrow{OB} = 36$$
$$54s + 36t = 0$$
$$3s + 2t = 0 \quad \cdots\cdots②$$

同様に，①の $\overrightarrow{OB} \cdot \overrightarrow{OC} = 24$ について

$$\overrightarrow{OB} \cdot \overrightarrow{OC} = \overrightarrow{OB} \cdot (s\overrightarrow{OA} + t\overrightarrow{OB})$$
$$= s\overrightarrow{OA} \cdot \overrightarrow{OB} + t|\overrightarrow{OB}|^2$$

これらと(1)より

$$36s + t(4\sqrt{3})^2 = 24 \quad \leftarrow \overrightarrow{OA} \cdot \overrightarrow{OB} = 36, \ |\overrightarrow{OB}| = 4\sqrt{3}$$
$$36s + 48t = 24$$
$$3s + 4t = 2 \quad \cdots\cdots③$$

●空間ベクトルの内積

$\vec{a} = (a_1, a_2, a_3)$, $\vec{b} = (b_1, b_2, b_3)$ のとき

$$\vec{a} \cdot \vec{b} = a_1 b_1 + a_2 b_2 + a_3 b_3$$

●同じ平面上にある4点（共面条件）

一直線上にない3点 A，B，C と点 P について
点 P が平面 ABC 上にある

$\Longleftrightarrow \overrightarrow{AP} = s\overrightarrow{AB} + t\overrightarrow{AC}$ となる
実数 s, t がただ1組定まる

②，③を解くと $s = \dfrac{{}^{キク}\boxed{-2}}{{}^{ケ}\boxed{3}}$, $t = {}^{コ}\boxed{1}$

このとき

$$\overrightarrow{OC} = -\frac{2}{3}\overrightarrow{OA} + \overrightarrow{OB} = -\frac{2}{3}(3, 3, -6) + (2+2\sqrt{3}, 2-2\sqrt{3}, -4)$$
$$= (2\sqrt{3}, -2\sqrt{3}, 0)$$

であるから

$$|\overrightarrow{OC}| = \sqrt{(2\sqrt{3})^2 + (-2\sqrt{3})^2 + 0^2} = \sqrt{24} = {}^{サ}\boxed{2}\sqrt{{}^{シ}\boxed{6}}$$

(3) (2)より

$$\overrightarrow{CB} = \overrightarrow{OB} - \overrightarrow{OC} = \overrightarrow{OB} - \left(-\frac{2}{3}\overrightarrow{OA} + \overrightarrow{OB}\right) = \frac{2}{3}\overrightarrow{OA} \quad \cdots\cdots④$$

であるから

$$\overrightarrow{CB} = ({}^{ス}\boxed{2}, \ {}^{セ}\boxed{2}, \ {}^{ソタ}\boxed{-4})$$

次に，四角形 OABC の形状について考える。

④より $\overrightarrow{OA} \parallel \overrightarrow{CB}$ ←四角形 OABC は台形

また，$|\overrightarrow{CB}| = \dfrac{2}{3}|\overrightarrow{OA}|$ より，$|\overrightarrow{OA}| \neq |\overrightarrow{CB}|$ であるから， ←正方形，長方形，平行四辺形は平行な2辺の長さが等しい。

四角形 OABC は正方形，長方形，平行四辺形ではない。

したがって，四角形 OABC は平行四辺形ではないが，台形である。 ${}^{チ}③$

続いて，四角形 OABC の面積について考える。

$|\overrightarrow{CB}| = \dfrac{2}{3}|\overrightarrow{OA}|$ より

$$|\overrightarrow{CB}| = \dfrac{2}{3} \cdot 3\sqrt{6} = 2\sqrt{6}$$

また，$\overrightarrow{OA} /\!/ \overrightarrow{CB}$，$\overrightarrow{OA} \perp \overrightarrow{OC}$ より，四角形 OABC は右の図のようになる。

四角形 OABC の面積を S とすると，

$$S = \dfrac{1}{2}(|\overrightarrow{OA}| + |\overrightarrow{CB}|) \cdot |\overrightarrow{OC}|$$

$$= \dfrac{1}{2}(3\sqrt{6} + 2\sqrt{6}) \cdot 2\sqrt{6} = {}^{ツテ}\boxed{30}$$

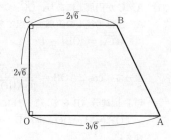

(4) 点 D を $(x,\ y,\ 1)$ とおく。

$\overrightarrow{OA} \perp \overrightarrow{OD}$ より $\overrightarrow{OA} \cdot \overrightarrow{OD} = 0$

すなわち $\overrightarrow{OA} \cdot \overrightarrow{OD} = 3x + 3y - 6 = 0$

よって $x + y = 2$ ……⑤

同様に，$\overrightarrow{OC} \cdot \overrightarrow{OD} = 2\sqrt{6}$ より

$$\overrightarrow{OC} \cdot \overrightarrow{OD} = 2\sqrt{3}\,x - 2\sqrt{3}\,y = 2\sqrt{6}$$

よって $x - y = \sqrt{2}$ ……⑥

⑤＋⑥ より $2x = 2 + \sqrt{2}$

すなわち $x = \dfrac{2 + \sqrt{2}}{2} = 1 + \dfrac{\sqrt{2}}{2}$

⑤－⑥ より $2y = 2 - \sqrt{2}$

すなわち $y = \dfrac{2 - \sqrt{2}}{2} = 1 - \dfrac{\sqrt{2}}{2}$

ゆえに $D\left({}^{ト}\boxed{1} + \dfrac{\sqrt{{}^{ナ}\boxed{2}}}{{}^{ニ}\boxed{2}},\ {}^{ヌ}\boxed{1} - \dfrac{\sqrt{{}^{ネ}\boxed{2}}}{{}^{ノ}\boxed{2}},\ 1\right)$

このとき

$$|\overrightarrow{OD}| = \sqrt{\left(1 + \dfrac{\sqrt{2}}{2}\right)^2 + \left(1 - \dfrac{\sqrt{2}}{2}\right)^2 + 1^2}$$

$$= \sqrt{\left(1 + \sqrt{2} + \dfrac{1}{2}\right) + \left(1 - \sqrt{2} + \dfrac{1}{2}\right) + 1} = 2$$

よって $\cos\angle COD = \dfrac{\overrightarrow{OC} \cdot \overrightarrow{OD}}{|\overrightarrow{OC}||\overrightarrow{OD}|} = \dfrac{2\sqrt{6}}{2\sqrt{6} \cdot 2} = \dfrac{1}{2}$

ゆえに $\angle COD = {}^{ハヒ}\boxed{60}°$

$\overrightarrow{OA} \perp \overrightarrow{OC}$ かつ $\overrightarrow{OA} \perp \overrightarrow{OD}$ より，

平面 α と平面 β は垂直であるから，

四面体 DABC について，

△ABC を底面としたときの高さは，

D から OC に下ろした垂線の長さと等しい。

その高さを h とすると

$$\sin\angle COD = \dfrac{h}{OD}$$

すなわち $h = |\overrightarrow{OD}| \sin 60°$

よって $h = 2 \cdot \dfrac{\sqrt{3}}{2} = \sqrt{{}^{フ}\boxed{3}}$

△ABC の面積を T とすると，底辺は BC，高さは OC となるから

$$T = \dfrac{1}{2}|\overrightarrow{OC}||\overrightarrow{CB}| = \dfrac{1}{2} \cdot 2\sqrt{6} \cdot 2\sqrt{6} = 12$$

ゆえに，四面体 DABC の体積は

$$\dfrac{1}{3} \cdot 12 \cdot \sqrt{3} = {}^{ヘ}\boxed{4}\sqrt{{}^{ホ}\boxed{3}}$$

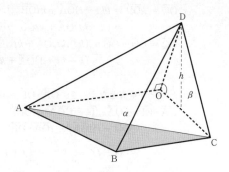

●直線と平面の垂直

直線 ℓ と平面 ABC について，
平面 ABC 上の2直線を m，n
とすると

　直線 $\ell \perp$ 平面 ABC
　$\iff$ 直線 $\ell \perp$ 直線 m かつ
　　　　直線 $\ell \perp$ 直線 n

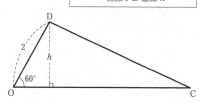

2

(1) A, C が円周上にあり，$\overrightarrow{OC} = -\overrightarrow{OA}$ が成り立つことから，AC は円の直径である。

A, B は半径 1 の円周上の点であるから
$$|\overrightarrow{OA}| = |\overrightarrow{OB}| = 1$$

よって $\cos\angle AOB = \dfrac{\overrightarrow{OA}\cdot\overrightarrow{OB}}{|\overrightarrow{OA}||\overrightarrow{OB}|} = \dfrac{-\dfrac{2}{3}}{1\cdot 1} = \dfrac{\overset{アイ}{\boxed{-2}}}{\overset{ウ}{\boxed{3}}}$

点 P は線分 AB を $t:(1-t)$ に内分する点であるから
$$\overrightarrow{OP} = (1-t)\overrightarrow{OA} + t\overrightarrow{OB} \quad \cdots\cdots③$$

ゆえに
$$\overrightarrow{OQ} = k\overrightarrow{OP} = k(1-t)\overrightarrow{OA} + kt\overrightarrow{OB}$$
$$= (k - kt)\overrightarrow{OA} + kt\overrightarrow{OB} \quad \cdots\cdots① \quad \overset{エ}{\boxed{①}},\ \overset{オ}{\boxed{⓪}}$$
$$\overrightarrow{CQ} = \overrightarrow{OQ} - \overrightarrow{OC} = (k-kt)\overrightarrow{OA} + kt\overrightarrow{OB} - (-\overrightarrow{OA})$$
$$= (k - kt + 1)\overrightarrow{OA} + kt\overrightarrow{OB} \quad \cdots\cdots④ \quad \overset{カ}{\boxed{④}},\ \overset{キ}{\boxed{⓪}}$$

となる。

$\overrightarrow{OA}$ と $\overrightarrow{OP}$ が垂直となるとき，$\overrightarrow{OA}\cdot\overrightarrow{OP} = 0$ であり，
$$\overrightarrow{OA}\cdot\overrightarrow{OP} = \overrightarrow{OA}\cdot\{(1-t)\overrightarrow{OA} + t\overrightarrow{OB}\}$$
$$= (1-t)|\overrightarrow{OA}|^2 + t\overrightarrow{OA}\cdot\overrightarrow{OB}$$
$$= (1-t) - \frac{2}{3}t = -\frac{5}{3}t + 1$$

であるから
$$-\frac{5}{3}t + 1 = 0$$

よって $t = \dfrac{\overset{ク}{\boxed{3}}}{\overset{ケ}{\boxed{5}}}$

●ベクトルのなす角の余弦
$$\cos\theta = \frac{\vec{a}\cdot\vec{b}}{|\vec{a}||\vec{b}|}$$

●内分点の位置ベクトル
2 点 A($\vec{a}$)，B($\vec{b}$) について
線分 AB を $m:n$ に内分する点の
位置ベクトルは
$$\frac{n\vec{a} + m\vec{b}}{m+n}$$

●ベクトルの垂直と内積
$\vec{a} \neq \vec{0}$, $\vec{b} \neq \vec{0}$ のとき
$\vec{a} \perp \vec{b}$
$\Longleftrightarrow\ \vec{a}\cdot\vec{b} = 0$
$\Longleftrightarrow\ a_1b_1 + a_2b_2 = 0$

(2) ∠OCQ が直角であるから $\overrightarrow{OC}\cdot\overrightarrow{CQ} = 0$

また，$\overrightarrow{OC} = -\overrightarrow{OA}$ と④より，この内積は
$$\overrightarrow{OC}\cdot\overrightarrow{CQ} = -\overrightarrow{OA}\cdot\{(k - kt + 1)\overrightarrow{OA} + kt\overrightarrow{OB}\}$$
$$= -(k - kt + 1)|\overrightarrow{OA}|^2 - kt\overrightarrow{OA}\cdot\overrightarrow{OB}$$
$$= -(k - kt + 1) - kt\left(-\frac{2}{3}\right) \quad \leftarrow |\overrightarrow{OA}| = 1,\ \overrightarrow{OA}\cdot\overrightarrow{OB} = -\frac{2}{3}$$
$$= \frac{5}{3}kt - k - 1$$

と表せるから
$$\frac{5}{3}kt - k - 1 = 0$$

すなわち $k\left(\dfrac{5}{3}t - 1\right) = 1$ より $k\cdot\dfrac{5t - 3}{3} = 1$

よって $k = \dfrac{\overset{コ}{\boxed{3}}}{\overset{サ}{\boxed{5}}t - \overset{シ}{\boxed{3}}} \quad \cdots\cdots②$

直線 OA，直線 OB と各領域を図示すると，
右の図のようになる。

また，$\overrightarrow{OA}$ と $\overrightarrow{OP}$ は $t = \dfrac{3}{5}$ のときに垂直になる。

さらに，点 P は線分 AB を $t:(1-t)$ に内分する
点であるから，t が小さいほど，点 A に近づく。

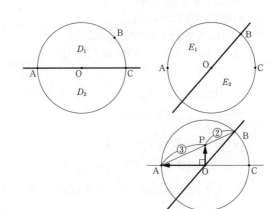

20

・$0 < t < \dfrac{3}{5}$ のとき

②より $k < 0$

よって，点 Q は点 O に対して，点 P の反対側にある。 ←$\overrightarrow{\mathrm{OQ}} = k\overrightarrow{\mathrm{OP}}$

このとき，右の図のようになるから，点 Q は

　D_2 に含まれ，かつ E_2 に含まれる。 ス ③

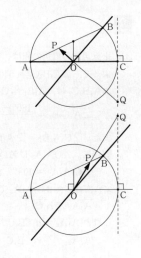

・$\dfrac{3}{5} < t < 1$ のとき

②より $k > 0$

よって，点 Q は点 O に対して，点 P と同じ側にある。

このとき，右の図のようになるから，点 Q は

　D_1 に含まれ，かつ E_1 に含まれる。 セ ⓪

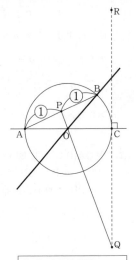

(3) $t = \dfrac{1}{2}$ のとき

②より $k = \dfrac{3}{5 \cdot \dfrac{1}{2} - 3} = \dfrac{3}{-\dfrac{1}{2}} = -6$

これと①より

$$\overrightarrow{\mathrm{OQ}} = \left\{ -6 - (-6) \cdot \dfrac{1}{2} \right\}\overrightarrow{\mathrm{OA}} + (-6) \cdot \dfrac{1}{2}\overrightarrow{\mathrm{OB}}$$
$$= -3\overrightarrow{\mathrm{OA}} - 3\overrightarrow{\mathrm{OB}} = -3(\overrightarrow{\mathrm{OA}} + \overrightarrow{\mathrm{OB}})$$

よって

$$|\overrightarrow{\mathrm{OQ}}|^2 = 9|\overrightarrow{\mathrm{OA}} + \overrightarrow{\mathrm{OB}}|^2$$
$$= 9(|\overrightarrow{\mathrm{OA}}|^2 + 2\overrightarrow{\mathrm{OA}} \cdot \overrightarrow{\mathrm{OB}} + |\overrightarrow{\mathrm{OB}}|^2)$$
$$= 9\left\{ 1 + 2 \cdot \left(-\dfrac{2}{3} \right) + 1 \right\} = 9\left(2 - \dfrac{4}{3} \right) = 6$$

ゆえに $|\overrightarrow{\mathrm{OQ}}| = \sqrt{\text{ソ}\ \boxed{6}}$

次に，OA に関して，$t = \dfrac{1}{2}$ のときの点 Q と対称な点を R とすると，

OA と CQ は垂直であるから

$$\overrightarrow{\mathrm{CR}} = \text{タ}\ \boxed{-}\ \overrightarrow{\mathrm{CQ}}$$

したがって

$$\overrightarrow{\mathrm{CR}} = -(\overrightarrow{\mathrm{OQ}} - \overrightarrow{\mathrm{OC}}) = 3(\overrightarrow{\mathrm{OA}} + \overrightarrow{\mathrm{OB}}) - \overrightarrow{\mathrm{OA}}$$
$$= \text{チ}\ \boxed{2}\ \overrightarrow{\mathrm{OA}} + \text{ツ}\ \boxed{3}\ \overrightarrow{\mathrm{OB}}$$

点 Q が，この点 R と一致するときの k，t を考える。

④より

$$\overrightarrow{\mathrm{CQ}} = (k - kt + 1)\overrightarrow{\mathrm{OA}} + kt\overrightarrow{\mathrm{OB}}$$

であり，$\overrightarrow{\mathrm{OA}}$ と $\overrightarrow{\mathrm{OB}}$ は平行でないから

$$\begin{cases} 2 = k - kt + 1 & \leftarrow\overrightarrow{\mathrm{OA}}\ \text{の係数} \\ 3 = kt & \leftarrow\overrightarrow{\mathrm{OB}}\ \text{の係数} \end{cases}$$

これを解いて $k = 4$，$t = \dfrac{\text{テ}\ \boxed{3}}{\text{ト}\ \boxed{4}}$

●ベクトルの相等

$\vec{a} \neq \vec{0}$，$\vec{b} \neq \vec{0}$ で

$\vec{a}$，$\vec{b}$ が平行でないとき

$s\vec{a} + t\vec{b} = s'\vec{a} + t'\vec{b}$

$\Longleftrightarrow\ s = s'$，$t = t'$

3

(1) 正五角形の内角の和は　$180° \times 3 = 540°$　　←正 n 角形の内角の和は　$180° \times (n-2)$

よって　$\angle A_1 B_1 C_1 = 540° \div 5 = 108°$

$\triangle A_1 B_1 C_1$ は，$A_1 B_1 = C_1 B_1$ となる二等辺三角形であるから

$$\angle A_1 C_1 B_1 = \frac{180° - 108°}{2} = {}^{\text{アイ}}\boxed{36}°$$

また　$\angle C_1 A_1 B_1 = \angle A_1 C_1 B_1 = 36°$

同様に，$\triangle OA_1 A_2$ において，$\angle OA_1 A_2 = 36°$ であるから

$$\angle C_1 A_1 A_2 = 108° - 36° \times 2 = 36°$$

$\angle A_1 C_1 B_1 = \angle C_1 A_1 A_2$ で錯角が等しいから

$$\overrightarrow{A_1 A_2} \,/\!/\, \overrightarrow{B_1 C_1}$$

これと $A_1 A_2 = a$，$B_1 C_1 = 1$ より

$$\overrightarrow{A_1 A_2} = {}^{\text{ウ}}\boxed{a}\,\overrightarrow{B_1 C_1}$$

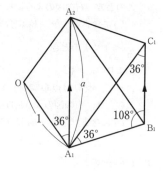

ゆえに　$\overrightarrow{B_1 C_1} = \dfrac{1}{a}\overrightarrow{A_1 A_2} = \dfrac{1}{a}(\overrightarrow{OA_2} - \overrightarrow{OA_1})$　……①

また，正五角形は対称であるから

$$\overrightarrow{OA_1} \,/\!/\, \overrightarrow{A_2 B_1},\quad \overrightarrow{OA_2} \,/\!/\, \overrightarrow{A_1 C_1},\quad A_2 B_1 = A_1 C_1 = a$$

したがって

$$\begin{aligned}
\overrightarrow{B_1 C_1} &= \overrightarrow{B_1 A_2} + \overrightarrow{A_2 O} + \overrightarrow{OA_1} + \overrightarrow{A_1 C_1} \\
&= -a\overrightarrow{OA_1} - \overrightarrow{OA_2} + \overrightarrow{OA_1} + a\overrightarrow{OA_2} \\
&= (a-1)\overrightarrow{OA_2} - (a-1)\overrightarrow{OA_1} \\
&= ({}^{\text{エ}}\boxed{a} - {}^{\text{オ}}\boxed{1})(\overrightarrow{OA_2} - \overrightarrow{OA_1}) \quad ……②
\end{aligned}$$

①，②より　$\dfrac{1}{a} = a - 1$

すなわち　$a^2 - a - 1 = 0$

よって　$a = \dfrac{1 \pm \sqrt{1 - 4 \cdot 1 \cdot (-1)}}{2} = \dfrac{1 \pm \sqrt{5}}{2}$

$a > 0$ であるから　$a = \dfrac{1 + \sqrt{5}}{2}$

(2) 面 $OA_1 B_1 C_1 A_2$ において，

$\overrightarrow{OA_1} \,/\!/\, \overrightarrow{A_2 B_1}$，$A_2 B_1 = a$，$OA_1 = 1$ であるから

$$\overrightarrow{OB_1} = \overrightarrow{OA_2} + \overrightarrow{A_2 B_1} = \overrightarrow{OA_2} + a\overrightarrow{OA_1}$$

(1)より，$a = \dfrac{1 + \sqrt{5}}{2}$ であるから

$$|\overrightarrow{OA_2} - \overrightarrow{OA_1}|^2 = |\overrightarrow{A_1 A_2}|^2 = a^2 \qquad \leftarrow A_1 A_2 = a \quad \text{(正五角形の対角線)}$$

$$= \left(\frac{1 + \sqrt{5}}{2}\right)^2 = \frac{6 + 2\sqrt{5}}{4} = \frac{{}^{\text{カ}}\boxed{3} + \sqrt{{}^{\text{キ}}\boxed{5}}}{{}^{\text{ク}}\boxed{2}}$$

また

$$|\overrightarrow{OA_2} - \overrightarrow{OA_1}|^2 = |\overrightarrow{OA_2}|^2 + |\overrightarrow{OA_1}|^2 - 2\overrightarrow{OA_1} \cdot \overrightarrow{OA_2} = 1 + 1 - 2\overrightarrow{OA_1} \cdot \overrightarrow{OA_2}$$

であるから

$$2 - 2\overrightarrow{OA_1} \cdot \overrightarrow{OA_2} = \frac{3 + \sqrt{5}}{2}$$

よって

$$\overrightarrow{OA_1} \cdot \overrightarrow{OA_2} = \frac{1}{2}\left(2 - \frac{3 + \sqrt{5}}{2}\right) = \frac{{}^{\text{ケ}}\boxed{1} - \sqrt{{}^{\text{コ}}\boxed{5}}}{{}^{\text{サ}}\boxed{4}}$$

次に，面 $OA_2B_2C_2A_3$ において

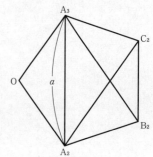

$$\overrightarrow{OB_2} = \overrightarrow{OA_3} + \overrightarrow{A_3B_2}$$
$$= \overrightarrow{OA_3} + a\overrightarrow{OA_2} \quad \leftarrow \overrightarrow{A_3B_2} /\!/ \overrightarrow{OA_2},\ A_3B_2 = a,\ OA_2 = 1$$

$$\overrightarrow{OA_2} \cdot \overrightarrow{OA_3} = \overrightarrow{OA_1} \cdot \overrightarrow{OA_2} = \frac{1-\sqrt{5}}{4}$$

他の面も合同な正五角形であるから

$$\overrightarrow{OA_3} \cdot \overrightarrow{OA_1} = \overrightarrow{OA_1} \cdot \overrightarrow{OA_2} = \frac{1-\sqrt{5}}{4}$$

よって

$$\overrightarrow{OA_1} \cdot \overrightarrow{OB_2} = \overrightarrow{OA_1} \cdot (\overrightarrow{OA_3} + a\overrightarrow{OA_2})$$
$$= \overrightarrow{OA_1} \cdot \overrightarrow{OA_3} + a\overrightarrow{OA_1} \cdot \overrightarrow{OA_2}$$
$$= \frac{1-\sqrt{5}}{4} + \frac{1+\sqrt{5}}{2} \cdot \frac{1-\sqrt{5}}{4}$$
$$= \frac{1-\sqrt{5}}{4} + \frac{1}{8} \cdot (1+\sqrt{5})(1-\sqrt{5})$$
$$= \frac{1-\sqrt{5}}{4} - \frac{1}{2} = \frac{-1-\sqrt{5}}{4} \qquad \text{シ}\boxed{9}$$

$$\overrightarrow{OB_1} \cdot \overrightarrow{OB_2} = (\overrightarrow{OA_2} + a\overrightarrow{OA_1})(\overrightarrow{OA_3} + a\overrightarrow{OA_2})$$
$$= \overrightarrow{OA_2} \cdot \overrightarrow{OA_3} + a|\overrightarrow{OA_2}|^2 + a\overrightarrow{OA_1} \cdot \overrightarrow{OA_3} + a^2\overrightarrow{OA_1} \cdot \overrightarrow{OA_2}$$
$$= \frac{1-\sqrt{5}}{4} + \frac{1+\sqrt{5}}{2} \cdot 1^2 + \frac{1+\sqrt{5}}{2} \cdot \frac{1-\sqrt{5}}{4} + \frac{3+\sqrt{5}}{2} \cdot \frac{1-\sqrt{5}}{4}$$
$$= \frac{1-\sqrt{5}}{4} + \frac{1+\sqrt{5}}{2} + \frac{1}{8}(1+\sqrt{5})(1-\sqrt{5}) + \frac{1}{8}(3+\sqrt{5})(1-\sqrt{5})$$
$$= \frac{1-\sqrt{5}}{4} + \frac{1+\sqrt{5}}{2} - \frac{1}{2} + \frac{-1-\sqrt{5}}{4} = 0 \qquad \text{ス}\boxed{0}$$

最後に，面 $A_2C_1DEB_2$ において

$$\overrightarrow{B_2D} = a\overrightarrow{A_2C_1} = \overrightarrow{OB_1},\ \overrightarrow{B_2D} /\!/ \overrightarrow{OB_1}$$

であるから，4点 O，B_1，D，B_2 は同一平面上にあり，
四角形 OB_1DB_2 は平行四辺形である。　　　　　$\leftarrow$対辺が平行で，長さが等しい

また，$\overrightarrow{OB_1} \cdot \overrightarrow{OB_2} = 0$ より，$\overrightarrow{OB_1} \perp \overrightarrow{OB_2}$ である。　$\leftarrow$長方形

さらに，四角形 OB_1DB_2 の辺はどれも
正五角形の対角線であるから，長さがすべて等しい。

以上より，四角形 OB_1DB_2 は正方形となるから　$\text{セ}\boxed{0}$

41 点 O を基準とする点 A の位置ベクトルを $\vec{a}$ とするとき，次のベクトル方程式で表される円の中心の位置ベクトルと半径を求めよ。

(1) $|2\vec{p} - 6\vec{a}| = 8$

(2) $(\vec{p} - \vec{a}) \cdot (\vec{p} - 7\vec{a}) = 0$

42 点 $C(\vec{c})$ を中心とする半径 3 の円について，次の問いに答えよ。

(1) この円のベクトル方程式を求めよ。

(2) (1)を利用して，点 C の座標が $(5, 1)$ のときの円の方程式を求めよ。

16 空間の座標

① 空間の座標

空間に点 O をとり，点 O を通り互いに直交する 3 本の数直線（**座標軸**）を図1のように定める。

このとき，点 O を **原点** という。

また，x 軸と y 軸で定まる平面を xy 平面，

　　　y 軸と z 軸で定まる平面を yz 平面，

　　　z 軸と x 軸で定まる平面を zx 平面といい，

　　　これらをまとめて **座標平面** という。

図2において，点 P の座標を P(a, b, c) と表す。

また，原点 O および点 A，B，C の座標は

　O$(0, 0, 0)$，A$(a, 0, 0)$，B$(0, b, 0)$，C$(0, 0, c)$

と表せる。

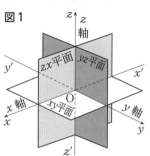

図1

② 対称な点

P(a, b, c) に対して，yz 平面に関して対称な点の座標は　$(-a, b, c)$

　　　　　　　　　　　zx 平面に関して対称な点の座標は　$(a, -b, c)$

　　　　　　　　　　　xy 平面に関して対称な点の座標は　$(a, b, -c)$

　　　　　　　　　　　原点に関して対称な点の座標は　　　$(-a, -b, -c)$

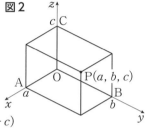

図2

③ 2点間の距離

2 点 A(a_1, a_2, a_3)，B(b_1, b_2, b_3) 間の距離は　AB $= \sqrt{(b_1-a_1)^2+(b_2-a_2)^2+(b_3-a_3)^2}$

とくに，原点と点 A(a_1, a_2, a_3) の間の距離は　OA $= \sqrt{a_1{}^2+a_2{}^2+a_3{}^2}$

チェック 16

(1) y 軸に関して，点 A$(1, -2, -3)$ と対称な点 B の座標を求めよ。　類43

(2) 2 点 A$(-3, 1, -1)$，B$(1, -2, 1)$ から等距離にある x 軸上の点 P の座標を求めよ。　類45

解答 (1) y 軸に関して，点 (a, b, c) と対称な点の座標は $\left(^{\text{ア}}\boxed{, }\right)$

であるから

y 軸に関して，点 A$(1, -2, -3)$ と対称な点 B は B$\left(^{\text{イ}}\boxed{, }\right)$

(2) 点 P の座標を $(x, 0, 0)$ とおく。

AP $=$ BP　より　AP$^2 =$ BP^2

よって　$(x+3)^2+(0-1)^2+(0+1)^2 = (x-1)^2+(0+2)^2+(0-1)^2$

これを解いて　$x = {}^{\text{ウ}}\boxed{}$

ゆえに　P$\left(^{\text{エ}}\boxed{}, 0, 0\right)$

43 点 A(1, 2, 3) に対して，次の点の座標を求めよ。

(1) xy 平面に関して対称な点 P

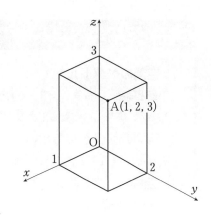

(2) x 軸に関して対称な点 Q

(3) 原点に関して対称な点 R

44 次の2点間の距離を求めよ。

(1) O(0, 0, 0), A(1, −2, 3)

(2) A(2, 5, 3), B(4, 2, 9)

45 2点 A(2, −4, 3), B(−3, 5, 1) から等距離にある z 軸上の点 P の座標を求めよ。

17 空間のベクトル

1 空間のベクトル

平面と同様に，向きと大きさをもつ量。

和，差，実数倍の定義も平面の場合と同様で，計算法則もそのまま成り立つ。

2 空間のベクトルの平行

$\vec{a} \neq \vec{0}$, $\vec{b} \neq \vec{0}$ のとき　$\vec{a} /\!/ \vec{b} \iff \vec{b} = k\vec{a}$ となる実数 k が存在

3 空間のベクトルの分解

$\vec{a} \neq \vec{0}$, $\vec{b} \neq \vec{0}$, $\vec{c} \neq \vec{0}$ で $\vec{a}$, $\vec{b}$, $\vec{c}$ が同一平面上にないとき，どのようなベクトル $\vec{p}$ でも

実数 s, t, u を用いて，$\vec{p} = s\vec{a} + t\vec{b} + u\vec{c}$ の形にただ1通りに表すことができる。

※　$\vec{a} \neq \vec{0}$, $\vec{b} \neq \vec{0}$, $\vec{c} \neq \vec{0}$ で $\vec{a}$, $\vec{b}$, $\vec{c}$ が同一平面上にないとき，$\vec{a}$, $\vec{b}$, $\vec{c}$ は1次独立であるという。

チェック 17

平行六面体 ABCD-EFGH において，

$\overrightarrow{AB} = \vec{a}$, $\overrightarrow{AD} = \vec{b}$, $\overrightarrow{AE} = \vec{c}$ とし，

辺 AB, FG の中点をそれぞれ M, N とする。

このとき，次の問いに答えよ。　類 46

(1) 次のベクトルを $\vec{a}$, $\vec{b}$, $\vec{c}$ で表せ。

　① $\overrightarrow{AG}$　　　② $\overrightarrow{HM}$

(2) $\overrightarrow{CP} = 2\vec{c}$ とするとき，

　$\overrightarrow{MN} /\!/ \overrightarrow{AP}$ であることを示せ。

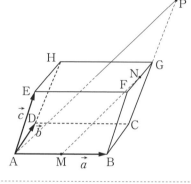

解答 (1) ① $\overrightarrow{AG} = \overrightarrow{AB} + \overrightarrow{BF} + \overrightarrow{FG} =$ ⁷ ☐

　　② $\overrightarrow{HM} = \overrightarrow{HD} + \overrightarrow{DA} + \overrightarrow{AM} =$ ⁱ ☐

(2) $\overrightarrow{MN} = \overrightarrow{MB} + \overrightarrow{BF} + \overrightarrow{FN} =$ ⁿ ☐

　　$\overrightarrow{AP} = \overrightarrow{AB} + \overrightarrow{BC} + \overrightarrow{CP} =$ ᵉ ☐

よって，$\overrightarrow{AP} =$ ᵒ ☐ $\overrightarrow{MN}$　が成り立つから　$\overrightarrow{MN} /\!/ \overrightarrow{AP}$

ア～エの語群

$\vec{a}+\vec{b}+\vec{c}$	$\vec{a}+\vec{b}-\vec{c}$	$\vec{a}-\vec{b}+\vec{c}$	$-\vec{a}+\vec{b}+\vec{c}$
$2\vec{a}+\vec{b}+\vec{c}$	$\vec{a}+2\vec{b}+\vec{c}$	$\vec{a}+\vec{b}+2\vec{c}$	$\vec{a}+2\vec{b}+2\vec{c}$
$\frac{1}{2}\vec{a}+\vec{b}+\vec{c}$	$\frac{1}{2}\vec{a}+\vec{b}-\vec{c}$	$\frac{1}{2}\vec{a}-\vec{b}+\vec{c}$	$\frac{1}{2}\vec{a}-\vec{b}-\vec{c}$
$\frac{1}{2}\vec{a}+\frac{1}{2}\vec{b}+\vec{c}$	$\frac{1}{2}\vec{a}+\vec{b}+\frac{1}{2}\vec{c}$	$\frac{1}{2}\vec{a}+\frac{1}{2}\vec{b}-\vec{c}$	$\frac{1}{2}\vec{a}-\vec{b}+\frac{1}{2}\vec{c}$

46 四面体 ABCD において，$\overrightarrow{AB} = \vec{a}$，$\overrightarrow{AC} = \vec{b}$，$\overrightarrow{AD} = \vec{c}$ とし，
辺 BC，AD の中点をそれぞれ M，N とするとき，次の問いに
答えよ。

(1) 次のベクトルを $\vec{a}$，$\vec{b}$，$\vec{c}$ で表せ。

① $\overrightarrow{AM}$

② $\overrightarrow{BN}$

③ $\overrightarrow{MN}$

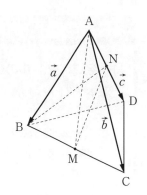

(2) 線分 AM の中点を P とするとき，$\overrightarrow{DM} \parallel \overrightarrow{NP}$ であることを示せ。

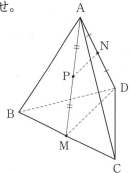

47 直方体 ABCD-EFGH において，$\overrightarrow{AB} = \vec{a}$，$\overrightarrow{AD} = \vec{b}$，
$\overrightarrow{AE} = \vec{c}$ とするとき，次の等式が成り立つことを示せ。

(1) $\overrightarrow{AB} + \overrightarrow{DH} = \overrightarrow{AF}$

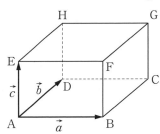

(2) $\overrightarrow{AG} + \overrightarrow{BH} + \overrightarrow{CE} + \overrightarrow{DF} = 4\overrightarrow{AE}$

18 空間ベクトルの成分

1 空間ベクトルの成分

基本ベクトル 座標平面上で x 軸, y 軸, z 軸の正の向きと
同じ向きの **単位ベクトル** $\vec{e_1}$, $\vec{e_2}$, $\vec{e_3}$

ベクトルの成分表示

空間のベクトル $\vec{a}$ に対して, $\vec{a} = \overrightarrow{OA}$ である点 A の座標が
A(a_1, a_2, a_3) のとき $\vec{a} = a_1\vec{e_1} + a_2\vec{e_2} + a_3\vec{e_3}$ と表せる。
また, 成分を用いて $\vec{a} = (a_1, a_2, a_3)$ と表すこともできる。
とくに, 基本ベクトルは

$\vec{e_1} = (1, 0, 0)$, $\vec{e_2} = (0, 1, 0)$, $\vec{e_3} = (0, 0, 1)$

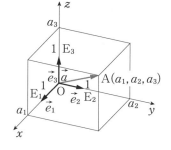

ベクトルの相等

$\vec{a} = (a_1, a_2, a_3)$, $\vec{b} = (b_1, b_2, b_3)$ のとき $\vec{a} = \vec{b} \iff a_1 = b_1, a_2 = b_2, a_3 = b_3$

2 空間ベクトルの大きさ

$\vec{a} = (a_1, a_2, a_3)$ のとき $|\vec{a}| = \sqrt{a_1{}^2 + a_2{}^2 + a_3{}^2}$

3 空間ベクトルの成分による演算

$(a_1, a_2, a_3) + (b_1, b_2, b_3) = (a_1 + b_1, a_2 + b_2, a_3 + b_3)$

$(a_1, a_2, a_3) - (b_1, b_2, b_3) = (a_1 - b_1, a_2 - b_2, a_3 - b_3)$

$k(a_1, a_2, a_3) = (ka_1, ka_2, ka_3)$ ただし, k は実数

4 $\overrightarrow{AB}$ の成分と大きさ

2 点 A(a_1, a_2, a_3), B(b_1, b_2, b_3) について

$\overrightarrow{AB} = (b_1 - a_1, b_2 - a_2, b_3 - a_3)$, $|\overrightarrow{AB}| = \sqrt{(b_1 - a_1)^2 + (b_2 - a_2)^2 + (b_3 - a_3)^2}$

チェック 18

$\vec{a} = (1, 3, -2)$, $\vec{b} = (2, -1, 2)$, $\vec{c} = (2, 1, 1)$, $\vec{p} = (3, 8, -3)$ とする。

(1) $|\vec{a} + \vec{b} - \vec{c}|$ を求めよ。 類 **48**

(2) $\vec{p}$ を $l\vec{a} + m\vec{b} + n\vec{c}$ の形で表せ。 類 **50**

解答 (1) $\vec{a} + \vec{b} - \vec{c} = (1, 3, -2) + (2, -1, 2) - (2, 1, 1)$

$= (1, 1, -1)$

よって $|\vec{a} + \vec{b} - \vec{c}| =$ ᵃ⬚

(2) $l\vec{a} + m\vec{b} + n\vec{c} = l(1, 3, -2) + m(2, -1, 2) + n(2, 1, 1)$

$\vec{p}$ と成分を比較して

$l + 2m + 2n = 3$, $3l - m + n = 8$, $-2l + 2m + n = -3$

これを解いて $l =$ ⁱ⬚ , $m =$ ᵘ⬚ , $n =$ ᵉ⬚

ゆえに $\vec{p} =$ ᵒ⬚ $\vec{a} -$ ᵏ⬚ $\vec{b} +$ ᵏ⬚ $\vec{c}$

48 $\vec{a} = (3,\ 2,\ -1)$, $\vec{b} = (-2,\ 0,\ 1)$, $\vec{c} = (1,\ -1,\ -3)$ とするとき，次のベクトルの
成分表示を求めよ。また，その大きさを求めよ。

(1) $-3\vec{a}$

(2) $\vec{a} - \vec{b}$

(3) $\vec{a} - 2\vec{b} - 3\vec{c}$

49 3点 A$(2,\ -1,\ 3)$, B$(4,\ 2,\ -2)$, C$(-9,\ 5,\ -10)$ とする。
四角形 ABCD が平行四辺形となるとき，点 D の座標を求めよ。

50 $\vec{a} = (2,\ 3,\ -1)$, $\vec{b} = (1,\ -1,\ -2)$, $\vec{c} = (0,\ 3,\ 3)$ のとき，$\vec{p} = (1,\ 0,\ 1)$ を
$l\vec{a} + m\vec{b} + n\vec{c}$ の形で表せ。

19 空間ベクトルの内積

1 空間ベクトルの内積

$\vec{0}$ でない2つのベクトル $\vec{a}$ と $\vec{b}$ のなす角を $\theta\ (0° \leqq \theta \leqq 180°)$ とするとき, $\vec{a}\cdot\vec{b} = |\vec{a}||\vec{b}|\cos\theta$ ←平面と同様

注 $\vec{a} = \vec{0}$ または $\vec{b} = \vec{0}$ のときは $\vec{a}\cdot\vec{b} = 0$ と定める。

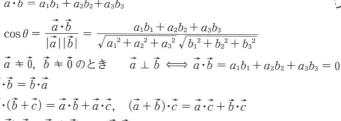

成分と内積 $\vec{a} = (a_1,\ a_2,\ a_3),\ \vec{b} = (b_1,\ b_2,\ b_3)$ について

$$\vec{a}\cdot\vec{b} = a_1b_1 + a_2b_2 + a_3b_3$$

$$\cos\theta = \frac{\vec{a}\cdot\vec{b}}{|\vec{a}||\vec{b}|} = \frac{a_1b_1 + a_2b_2 + a_3b_3}{\sqrt{a_1{}^2 + a_2{}^2 + a_3{}^2}\sqrt{b_1{}^2 + b_2{}^2 + b_3{}^2}}$$

$\vec{a} \neq \vec{0},\ \vec{b} \neq \vec{0}$ のとき $\quad \vec{a} \perp \vec{b} \Longleftrightarrow \vec{a}\cdot\vec{b} = a_1b_1 + a_2b_2 + a_3b_3 = 0$

内積の性質 $\vec{a}\cdot\vec{b} = \vec{b}\cdot\vec{a}$

$\vec{a}\cdot(\vec{b}+\vec{c}) = \vec{a}\cdot\vec{b} + \vec{a}\cdot\vec{c},\quad (\vec{a}+\vec{b})\cdot\vec{c} = \vec{a}\cdot\vec{c} + \vec{b}\cdot\vec{c}$

$(k\vec{a})\cdot\vec{b} = \vec{a}\cdot(k\vec{b}) = k(\vec{a}\cdot\vec{b})\qquad$ ただし, k は実数

$\vec{a}\cdot\vec{a} = |\vec{a}|^2$

チェック 19

(1) 1辺の長さが1の立方体 ABCD-EFGH について, 次の内積を求めよ。

　① $\overrightarrow{AB}\cdot\overrightarrow{AC}$ 　　② $\overrightarrow{AC}\cdot\overrightarrow{AF}$ 　　　　　類 51

(2) 2つのベクトル $\vec{a} = (1,\ -4,\ -1),\ \vec{b} = (-2,\ 6,\ 1)$ の両方に垂直な単位ベクトルを求めよ。 　　　　類 54

解答 (1) ① $\overrightarrow{AB}\cdot\overrightarrow{AC} = |\overrightarrow{AB}||\overrightarrow{AC}|\cos\angle BAC$

$$= 1 \times \sqrt{2} \times \cos 45° = {}^{ア}\boxed{}$$

② △ACF は1辺の長さが $\sqrt{2}$ の正三角形であるから

$$\overrightarrow{AC}\cdot\overrightarrow{AF} = |\overrightarrow{AC}||\overrightarrow{AF}|\cos\angle CAF$$

$$= \sqrt{2} \times \sqrt{2} \times \cos 60° = {}^{イ}\boxed{}$$

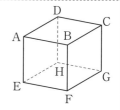

(2) 求める単位ベクトルを $\vec{e} = (x,\ y,\ z)$ とおく。

$\vec{a} \perp \vec{e}$ であるから, $\vec{a}\cdot\vec{e}=0$ より

$\quad x - 4y - z = 0\ \cdots$①

$\vec{b} \perp \vec{e}$ であるから, $\vec{b}\cdot\vec{e}=0$ より

$\quad -2x + 6y + z = 0\ \cdots$②

また, $|\vec{e}| = 1$ より $\quad x^2 + y^2 + z^2 = 1\ \cdots$③ 　←単位ベクトルの大きさは1

①, ②より $\quad y = {}^{ウ}\boxed{}\, x,\ z = {}^{エ}\boxed{}\, x$

③に代入して $\quad \vec{e} = \left({}^{オ}\boxed{,\quad,\quad}\right)$ または $\left({}^{カ}\boxed{,\quad,\quad}\right)$

51 1辺の長さが2の正四面体 OABC において，辺 AB の中点を M とする。次の内積を求めよ。

(1) $\overrightarrow{OA} \cdot \overrightarrow{OB}$　　　　　(2) $\overrightarrow{OA} \cdot \overrightarrow{AB}$

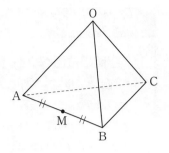

(3) $\overrightarrow{AM} \cdot \overrightarrow{BC}$　　　　　(4) $\overrightarrow{AB} \cdot \overrightarrow{CM}$

52 次の2つのベクトル $\vec{a}$ と $\vec{b}$ の内積と，そのなす角 θ を求めよ。ただし，$0° \leqq \theta \leqq 180°$ とする。

(1) $\vec{a} = (0, -1, 1), \vec{b} = (2, 2, -1)$　　　(2) $\vec{a} = (1, -2, 1), \vec{b} = (1, 2, 3)$

53 $\vec{a} = (-3, 0, -3\sqrt{3})$ と z 軸の正の向きとのなす角を求めよ。

54 2つのベクトル $\vec{a} = (3, 4, -1), \vec{b} = (-5, -4, 2)$ の両方に垂直で，大きさが9のベクトルを求めよ。

20 空間の位置ベクトル

① 空間の位置ベクトル

平面上と同様に，空間においても，点 O を定めておくと，
どのような点 P の位置もベクトル $\vec{p} = \overrightarrow{\text{OP}}$ によって決まる。
$\vec{p}$ を点 P の **位置ベクトル** といい，P($\vec{p}$) と表す。
2 点 A($\vec{a}$)，B($\vec{b}$) について　　$\overrightarrow{\text{AB}} = \vec{b} - \vec{a}$

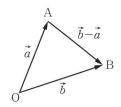

② 内分点・外分点の位置ベクトル

2 点 A($\vec{a}$)，B($\vec{b}$) について

線分 AB を $m : n$ に内分する点の位置ベクトル　$\dfrac{n\vec{a} + m\vec{b}}{m + n}$

とくに，線分 AB の中点の位置ベクトル　$\dfrac{\vec{a} + \vec{b}}{2}$

線分 AB を $m : n$ に外分する点の位置ベクトル　$\dfrac{-n\vec{a} + m\vec{b}}{m - n}$

③ △ABC の重心 G($\vec{g}$) の位置ベクトル

頂点を A($\vec{a}$)，B($\vec{b}$)，C($\vec{c}$) とすると　$\vec{g} = \dfrac{\vec{a} + \vec{b} + \vec{c}}{3}$

チェック 20

平行六面体 ABCD-EFGH において，
線分 BE を $3 : 2$ に内分する点を P，
線分 CF を $2 : 1$ に内分する点を Q とする。
$\overrightarrow{\text{AB}} = \vec{b}$，$\overrightarrow{\text{AD}} = \vec{d}$，$\overrightarrow{\text{AE}} = \vec{e}$ とするとき，
$\overrightarrow{\text{PQ}}$ を $\vec{b}$, $\vec{d}$, $\vec{e}$ で表せ。　　類 55

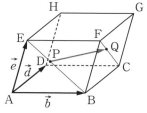

ポイント　$\overrightarrow{\text{PQ}} = \overrightarrow{\text{AQ}} - \overrightarrow{\text{AP}}$ であるから，$\overrightarrow{\text{AP}}$，$\overrightarrow{\text{AQ}}$ を $\vec{b}$, $\vec{d}$, $\vec{e}$ で表すことを考える。

解答　$\overrightarrow{\text{AP}} = \dfrac{2\overrightarrow{\text{AB}} + 3\overrightarrow{\text{AE}}}{5}$　←P は BE を $3 : 2$ に内分

$= \boxed{}^{\text{ア}}\,\vec{b} + \boxed{}^{\text{イ}}\,\vec{e}$

$\overrightarrow{\text{AC}} = \overrightarrow{\text{AB}} + \overrightarrow{\text{BC}} = \vec{b} + \vec{d}$，$\overrightarrow{\text{AF}} = \overrightarrow{\text{AB}} + \overrightarrow{\text{BF}} = \vec{b} + \vec{e}$　であるから

$\overrightarrow{\text{AQ}} = \dfrac{\overrightarrow{\text{AC}} + 2\overrightarrow{\text{AF}}}{3}$　←点 Q は線分 CF を $2 : 1$ に内分

$= \dfrac{(\vec{b} + \vec{d}) + 2(\vec{b} + \vec{e})}{3}$

$= \vec{b} + \boxed{}^{\text{ウ}}\,\vec{d} + \boxed{}^{\text{エ}}\,\vec{e}$

よって　$\overrightarrow{\text{PQ}} = \overrightarrow{\text{AQ}} - \overrightarrow{\text{AP}} = \boxed{}^{\text{オ}}\,\vec{b} + \boxed{}^{\text{カ}}\,\vec{d} + \boxed{}^{\text{キ}}\,\vec{e}$

55 四面体 OABC において，線分 OA の中点を P，
線分 BC を 3：1 に内分する点を Q，
線分 AB を 3：1 に外分する点を R，
△AQR の重心を G とし，
$\overrightarrow{OA} = \vec{a}$, $\overrightarrow{OB} = \vec{b}$, $\overrightarrow{OC} = \vec{c}$ とする。
次のベクトルを $\vec{a}$, $\vec{b}$, $\vec{c}$ で表せ。

(1) $\overrightarrow{OP}$　　　　　(2) $\overrightarrow{OQ}$　　　　　(3) $\overrightarrow{PQ}$

(4) $\overrightarrow{OR}$　　　　　(5) $\overrightarrow{OG}$

56 2 点 A(2, −1, 3), B(−1, 5, 0) とする。次の点の座標を求めよ。
(1) 線分 AB を 1：2 に内分する点 P　　　(2) 線分 AB の中点 M

(3) 線分 AB を 3：2 に外分する点 Q　　　(4) 線分 AB を 2：3 に外分する点 R

21 空間における直線上の点

1 一直線上にある3点（共線条件）

3点 A，B，C が同一直線上

$\iff \overrightarrow{AC} = k\overrightarrow{AB}$ となる実数 k が存在する （図1）

図1

2 $A(\vec{a})$ を通りベクトル $\vec{d}$ に平行な直線のベクトル方程式

t を実数とすると

$\vec{p} = \vec{a} + t\vec{d}$ （図2）

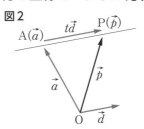
図2

3 異なる2点 $A(\vec{a})$，$B(\vec{b})$ を通る直線のベクトル方程式

t を実数とすると

$\vec{p} = (1-t)\vec{a} + t\vec{b}$ （図3）

$1-t = s$ とおくと

$\vec{p} = s\vec{a} + t\vec{b},\ s+t = 1$

図3 $t>1$
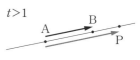

$0 \leqq t \leqq 1$
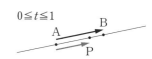

$t<0$
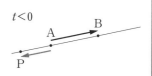

チェック 21

平行六面体 ABCD-EFGH において，線分 BE の中点を M，△CEF の重心を P とするとき，3点 M，P，G は一直線上にあることを，$\overrightarrow{AB} = \vec{b}$，$\overrightarrow{AD} = \vec{d}$，$\overrightarrow{AE} = \vec{e}$ として示せ。　類 57

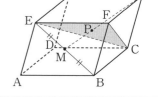

ポイント $\overrightarrow{MP} = k\overrightarrow{MG}$ を満たす実数 k が存在することを示せばよい。

証明　$\overrightarrow{AM} = \dfrac{\overrightarrow{AB}+\overrightarrow{AE}}{2} = \dfrac{1}{2}\vec{b} + \dfrac{1}{2}\vec{e}$

$\overrightarrow{AG} = \overrightarrow{AB} + \overrightarrow{BC} + \overrightarrow{CG} = \vec{b} + \vec{d} + \vec{e}$

点 P は △CEF の重心であるから

$\overrightarrow{AP} = \dfrac{\overrightarrow{AC}+\overrightarrow{AE}+\overrightarrow{AF}}{3} = \dfrac{1}{3}\{(\overrightarrow{AB}+\overrightarrow{BC})+\overrightarrow{AE}+(\overrightarrow{AB}+\overrightarrow{BF})\}$

$= \dfrac{1}{3}\{(\vec{b}+\vec{d})+\vec{e}+(\vec{b}+\vec{e})\} = \dfrac{2}{3}\vec{b} + \dfrac{1}{3}\vec{d} + \dfrac{2}{3}\vec{e}$

よって　$\overrightarrow{MG} = \overrightarrow{AG} - \overrightarrow{AM} = {}^{ア}\boxed{}\vec{b} + \vec{d} + {}^{イ}\boxed{}\vec{e}$

$\overrightarrow{MP} = \overrightarrow{AP} - \overrightarrow{AM} = {}^{ウ}\boxed{}\vec{b} + {}^{エ}\boxed{}\vec{d} + {}^{オ}\boxed{}\vec{e}$

ゆえに，$\overrightarrow{MP} = {}^{カ}\boxed{}\overrightarrow{MG}$　←$\overrightarrow{MG} = k\overrightarrow{MP}$ の形で求めてもよい。

したがって，3点 M，P，G は一直線上にある。（終）

57 平行六面体 ABCD-EFGH において，△BDG の重心を
P とするとき，3 点 C, P, E は一直線上にあることを，
$\overrightarrow{AB} = \vec{b}$, $\overrightarrow{AD} = \vec{d}$, $\overrightarrow{AE} = \vec{e}$ として示せ。

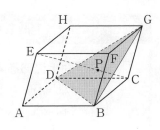

58 3 点 P$(2, -1, 3)$, Q$(3, 4, -1)$, R$(x, y, 5)$ が一直線上にあるとき，x, y の値を求めよ。

59 2 点 A$(6, 0, 3)$, B$(0, 3, -3)$ を通る直線 l に，原点 O から垂線 OH を下ろしたとき，点 H の座標を求めよ。

22 同じ平面上にある４点

① 同じ平面上にある４点（共面条件）

一直線上にない３点 A，B，C と点 P について

　点 P が平面 ABC 上にある

　　$\iff \overrightarrow{\text{AP}} = s\overrightarrow{\text{AB}} + t\overrightarrow{\text{AC}}$ となる実数 s，t がただ１組定まる

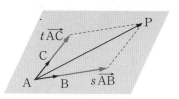

ここで，それぞれの点を A($\vec{a}$)，B($\vec{b}$)，C($\vec{c}$)，P($\vec{p}$) とすると

　$\vec{p} - \vec{a} = s(\vec{b} - \vec{a}) + t(\vec{c} - \vec{a})$　すなわち　$\vec{p} = (1 - s - t)\vec{a} + s\vec{b} + t\vec{c}$

であるから，$1 - s - t = r$ とおくと，次のことが成り立つ。

　点 P($\vec{p}$) が３点 A($\vec{a}$)，B($\vec{b}$)，C($\vec{c}$) の定める平面 ABC 上にある

　　$\iff \vec{p} = r\vec{a} + s\vec{b} + t\vec{c}$，$r + s + t = 1$ となる実数 r，s，t がただ１組定まる

チェック22

四面体 ABCD の辺 AB を２：１に内分する点を L，辺 CD の中点を M，線分 LM を２：３に内分する点を N とし，直線 AN と平面 BCD の交点を K とする。$\overrightarrow{\text{AB}} = \vec{b}$，$\overrightarrow{\text{AC}} = \vec{c}$，$\overrightarrow{\text{AD}} = \vec{d}$ として，次の問いに答えよ。　類 61

(1)　$\overrightarrow{\text{AN}}$ を $\vec{b}$，$\vec{c}$，$\vec{d}$ で表せ。

(2)　$\overrightarrow{\text{AK}}$ を $\vec{b}$，$\vec{c}$，$\vec{d}$ で表せ。

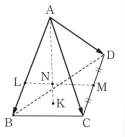

解答　(1)　$\overrightarrow{\text{AL}} = \dfrac{2}{3}\overrightarrow{\text{AB}} = \dfrac{2}{3}\vec{b}$　…①

　　　$\overrightarrow{\text{AM}} = \dfrac{\overrightarrow{\text{AC}} + \overrightarrow{\text{AD}}}{2} = \dfrac{1}{2}\vec{c} + \dfrac{1}{2}\vec{d}$　…②

　　　ここで，$\overrightarrow{\text{AN}} = \dfrac{3\overrightarrow{\text{AL}} + 2\overrightarrow{\text{AM}}}{5}$ であるから

　　　①，②より　$\overrightarrow{\text{AN}} = {}^{\text{ア}}\boxed{}\vec{b} + {}^{\text{イ}}\boxed{}\vec{c} + {}^{\text{ウ}}\boxed{}\vec{d}$

(2)　３点 A，N，K は一直線上にあるから

　　　$\overrightarrow{\text{AK}} = t\overrightarrow{\text{AN}}$

　　となる実数 t が存在する。

　　　よって　$\overrightarrow{\text{AK}} = {}^{\text{ア}}\boxed{}t\vec{b} + {}^{\text{イ}}\boxed{}t\vec{c} + {}^{\text{ウ}}\boxed{}t\vec{d}$　…③

　　　点 K は平面 BCD 上にあるから　${}^{\text{エ}}\boxed{}t = 1$

　　　ゆえに　$t = {}^{\text{オ}}\boxed{}$

　　　③に代入して　$\overrightarrow{\text{AK}} = {}^{\text{カ}}\boxed{}\vec{b} + {}^{\text{キ}}\boxed{}\vec{c} + {}^{\text{ク}}\boxed{}\vec{d}$

60 3点 A$(1, -1, -3)$, B$(2, -3, 0)$, C$(0, -2, -1)$ を通る平面と x 軸との交点の x 座標を求めよ。

61 四面体 OABC において，辺 OA，BC を $1:2$ に内分する点をそれぞれ M，N，線分 MN の中点を L，直線 OL と平面 ABC の交点を P とするとき，$\overrightarrow{\mathrm{OP}}$ を $\overrightarrow{\mathrm{OA}}$，$\overrightarrow{\mathrm{OB}}$，$\overrightarrow{\mathrm{OC}}$ を用いて表せ。

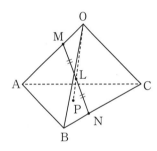

46

23 平面・球面の方程式

1 座標平面に平行な平面の方程式

点 $(a, 0, 0)$ を通り，
　yz 平面に平行な平面の方程式　$x = a$
点 $(0, b, 0)$ を通り，
　zx 平面に平行な平面の方程式　$y = b$
点 $(0, 0, c)$ を通り，
　xy 平面に平行な平面の方程式　$z = c$

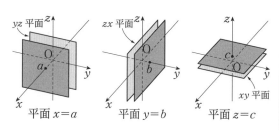

2 球面のベクトル方程式

中心 $C(\vec{c})$，半径 r の球面のベクトル方程式は
　$|\vec{p} - \vec{c}| = r$
であるから，中心 $C(a, b, c)$，半径 r の球面の方程式は
　$\sqrt{(x-a)^2 + (y-b)^2 + (z-c)^2} = r$
すなわち　$(x-a)^2 + (y-b)^2 + (z-c)^2 = r^2$

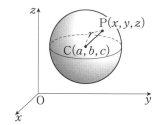

チェック 23

(1)　点 $(2, -3, 1)$ を中心とし，zx 平面に接する球面の方程式を求めよ。　類 **62**

(2)　球面 $(x+1)^2 + (y-3)^2 + (z+2)^2 = 9$ と xy 平面が交わる部分はどのような図形か。　類 **64**

解答　(1)　点 $(2, -3, 1)$ から zx 平面までの距離が半径となるから，
　　この球面の半径は

$$\sqrt{(-3)^2} = {}^{ア}\boxed{}$$

　　よって，求める球面の方程式は

　${}^{イ}\boxed{}$

(2)　球面の方程式において，$z = 0$ とすると
　　$(x+1)^2 + (y-3)^2 + (0+2)^2 = 9$
　すなわち
　　$(x+1)^2 + (y-3)^2 = {}^{ウ}\boxed{}$

　となるから，この方程式は xy 平面上で円を表す。
　よって，求める図形は

　　中心が $\left({}^{エ}\boxed{}, \quad, \quad\right)$，半径が ${}^{オ}\boxed{}$ の円

62 次の平面または球面の方程式を求めよ。

(1) 点 $(2, -5, 7)$ を通り，
yz 平面に平行な平面

(2) 点 $(2, -5, 7)$ を通り，
z 軸に垂直な平面

(3) 中心 $(-3, 2, 1)$，半径 5 の球面

(4) 2 点 $(1, -1, 2)$, $(3, 5, -6)$ を
直径の両端とする球面

63 球面 $x^2 + y^2 + z^2 + 4x - 6y + 2z - 2 = 0$ の中心の座標と半径を求めよ。

64 球面 $(x-3)^2 + (y+2)^2 + (z-1)^2 = 12$ と次の平面が交わる部分はどのような図形か。

(1) xy 平面

(2) zx 平面

(3) 平面 $x = 1$

65 点 O を原点とする座標空間において，点 A$(3, -5, 2)$ とする。
$|\overrightarrow{OP}|^2 - 2\overrightarrow{OA} \cdot \overrightarrow{OP} + 13 = 0$ を満たす点 P の集合はどのような図形を表すか。

発展　直線と平面の垂直

1 直線と平面の垂直

　直線 $l \perp$ 平面 ABC　$\Longleftrightarrow$　直線 l は平面 ABC 上のすべての直線と垂直

であるから，　直線 $l \perp$ 平面 ABC　を調べるには，

平面上の交わる 2 直線と直線 l が垂直であることを確認すればよい。

チェック 24

　A$(1, 0, 0)$,　B$(0, 2, 0)$,　C$(0, 0, -2)$　とする。平面 ABC に原点 O から

垂線 OH を下ろす。点 H の座標と線分 OH の長さを求めよ。　類 66

解答　$\overrightarrow{OA} = \vec{a}$,　$\overrightarrow{OB} = \vec{b}$,　$\overrightarrow{OC} = \vec{c}$,　$\overrightarrow{OH} = \vec{h}$ とする。

点 H$(\vec{h})$ が 3 点 A$(\vec{a})$,　B$(\vec{b})$,　C$(\vec{c})$ の定める平面 ABC 上にあるから，

　$\vec{h} = r\vec{a} + s\vec{b} + t\vec{c}$,　$r + s + t = 1$　…①

となる実数 r,　s,　t がただ 1 組定まる。

よって，r,　s,　t を用いて

　$\vec{h} = r(1, 0, 0) + s(0, 2, 0) + t(0, 0, -2)$

　　$= (r, 2s, -2t)$

また，$\overrightarrow{AB} = (-1, 2, 0)$

　　　　$\overrightarrow{AC} = (-1, 0, -2)$

OH は平面 ABC に垂直であるから　$\vec{h} \perp \overrightarrow{AB}$,　$\vec{h} \perp \overrightarrow{AC}$

　$\vec{h} \cdot \overrightarrow{AB} = 0$ より　$-r + 4s = 0$　…②

　$\vec{h} \cdot \overrightarrow{AC} = 0$ より　$-r + 4t = 0$　…③

②，③より　$s = \boxed{}^{ア}\ r$,　$t = \boxed{}^{イ}\ r$

①に代入して　$r = \boxed{}^{ウ}$,　$s = \boxed{}^{エ}$,　$t = \boxed{}^{オ}$

ゆえに　H$\left(\boxed{}^{カ}\ ,\ \ ,\ \ \right)$

　　　　　OH $= \boxed{}^{キ}$

OH の別解　四面体 OABC の体積 V は　$V = \dfrac{1}{3} \times 1 \times 2 = \dfrac{2}{3}$

また，$\triangle ABC = \dfrac{1}{2} \sqrt{|\overrightarrow{AB}|^2 |\overrightarrow{AC}|^2 - (\overrightarrow{AB} \cdot \overrightarrow{AC})^2} = \sqrt{6}$　より

　$V = \dfrac{1}{3} \times \sqrt{6} \times OH$

とも表せる。

よって　$OH = \dfrac{\sqrt{6}}{3}$

66 A(1, 0, 0), B(0, 2, 0), C(0, 0, 3) とする。平面 ABC に原点 O から垂線 OH を下ろす。点 H の座標と線分 OH の長さを求めよ。

67 四面体 OABC の各辺の長さはそれぞれ
AB = $\sqrt{7}$, BC = 3, CA = $\sqrt{5}$,
OA = 2, OB = $\sqrt{3}$, OC = $\sqrt{7}$ である。
$\overrightarrow{OA} = \vec{a}$, $\overrightarrow{OB} = \vec{b}$, $\overrightarrow{OC} = \vec{c}$ として,
次の問いに答えよ。
(1) 内積 $\vec{a}\cdot\vec{b}$, $\vec{b}\cdot\vec{c}$, $\vec{c}\cdot\vec{a}$ を求めよ。

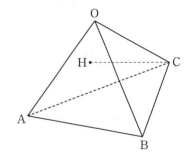

(2) 点 C から三角形 OAB を含む平面 α に下ろした垂線と α との交点を H とする。このとき, $\overrightarrow{OH}$ を $\vec{a}$, $\vec{b}$ で表せ。

(3) 四面体 OABC の体積を求めよ。

チャレンジ問題

1 2020年センター試験

点 O を原点とする座標空間に 2 点

$$A(3, 3, -6), \quad B(2+2\sqrt{3}, 2-2\sqrt{3}, -4)$$

をとる。3 点 O, A, B の定める平面を α とする。また, α に含まれる点 C は

$$\overrightarrow{OA} \perp \overrightarrow{OC}, \quad \overrightarrow{OB} \cdot \overrightarrow{OC} = 24 \quad \cdots\cdots ①$$

を満たすとする。

(1) $|\overrightarrow{OA}| = \boxed{\text{ア}}\sqrt{\boxed{\text{イ}}}$, $|\overrightarrow{OB}| = \boxed{\text{ウ}}\sqrt{\boxed{\text{エ}}}$ であり, $\overrightarrow{OA} \cdot \overrightarrow{OB} = \boxed{\text{オカ}}$ である。

(2) 点 C は平面 α 上にあるので, 実数 s, t を用いて, $\overrightarrow{OC} = s\overrightarrow{OA} + t\overrightarrow{OB}$ と表すことができる。

このとき, ①から $s = \dfrac{\boxed{\text{キク}}}{\boxed{\text{ケ}}}$, $t = \boxed{\text{コ}}$ である。したがって, $|\overrightarrow{OC}| = \boxed{\text{サ}}\sqrt{\boxed{\text{シ}}}$

である。

(3) $\overrightarrow{\mathrm{CB}} = \left(\boxed{\ \text{ス}\ },\ \boxed{\ \text{セ}\ },\ \boxed{\ \text{ソタ}\ }\right)$ である。

したがって，平面 α 上の四角形 OABC は $\boxed{\ \text{チ}\ }$。

$\boxed{\ \text{チ}\ }$ の解答群

⓪ 正方形である

① 正方形ではないが，長方形である

② 長方形ではないが，平行四辺形である

③ 平行四辺形ではないが，台形である

④ 台形ではない

ただし，少なくとも一組の対辺が平行な四角形を台形という。

$\overrightarrow{\mathrm{OA}} \perp \overrightarrow{\mathrm{OC}}$ であるので，四角形 OABC の面積は $\boxed{\ \text{ツテ}\ }$ である。

(4) $\overrightarrow{\mathrm{OA}} \perp \overrightarrow{\mathrm{OD}}$, $\overrightarrow{\mathrm{OC}} \cdot \overrightarrow{\mathrm{OD}} = 2\sqrt{6}$ かつ z 座標が 1 であるような点 D の座標は

$$\left(\boxed{\ \text{ト}\ } + \frac{\sqrt{\boxed{\ \text{ナ}\ }}}{\boxed{\ \text{ニ}\ }},\ \boxed{\ \text{ヌ}\ } - \frac{\sqrt{\boxed{\ \text{ネ}\ }}}{\boxed{\ \text{ノ}\ }},\ 1\right)$$

である。このとき $\angle \mathrm{COD} = \boxed{\ \text{ハヒ}\ }°$ である。

3 点 O，C，D の定める平面を β とする。α と β は垂直であるので，三角形 ABC を底面とする四面体 DABC の高さは $\sqrt{\boxed{\ \text{フ}\ }}$ である。したがって，四面体 DABC の体積は $\boxed{\ \text{ヘ}\ }\sqrt{\boxed{\ \text{ホ}\ }}$ である。

ア	イ	ウ	エ	オ	カ	キ	ク	ケ	コ	サ	シ

ス	セ	ソ	タ	チ	ツ	テ	ト	ナ	ニ	ヌ	ネ	ノ	ハ	ヒ	フ	ヘ	ホ

2 2022年共通テスト

平面上の点 O を中心とする半径 1 の円周上に，3 点 A，B，C があり，$\overrightarrow{OA} \cdot \overrightarrow{OB} = -\dfrac{2}{3}$ および $\overrightarrow{OC} = -\overrightarrow{OA}$ を満たすとする。t を $0 < t < 1$ を満たす実数とし，線分 AB を $t : (1-t)$ に内分する点を P とする。また，直線 OP 上に点 Q をとる。

(1) $\cos \angle AOB = \dfrac{\boxed{\text{アイ}}}{\boxed{\text{ウ}}}$ である。

また，実数 k を用いて，$\overrightarrow{OQ} = k\overrightarrow{OP}$ と表せる。したがって

$$\overrightarrow{OQ} = \boxed{\text{エ}}\ \overrightarrow{OA} + \boxed{\text{オ}}\ \overrightarrow{OB} \qquad \cdots\cdots ①$$

$$\overrightarrow{CQ} = \boxed{\text{カ}}\ \overrightarrow{OA} + \boxed{\text{キ}}\ \overrightarrow{OB}$$

となる。

$\overrightarrow{OA}$ と $\overrightarrow{OP}$ が垂直となるのは，$t = \dfrac{\boxed{\text{ク}}}{\boxed{\text{ケ}}}$ のときである。

$\boxed{\text{エ}} \sim \boxed{\text{キ}}$ の解答群（同じものを繰り返し選んでもよい。）

⓪ kt　　　　　　　　① $(k-kt)$　　　　　　　② $(kt+1)$

③ $(kt-1)$　　　　　　④ $(k-kt+1)$　　　　　⑤ $(k-kt-1)$

以下，$t \neq \dfrac{\boxed{\text{ク}}}{\boxed{\text{ケ}}}$ とし，$\angle OCQ$ が直角であるとする。

(2) $\angle OCQ$ が直角であることにより，(1)の k は

$$k = \dfrac{\boxed{\text{コ}}}{\boxed{\text{サ}}\ t - \boxed{\text{シ}}} \qquad \cdots\cdots ②$$

となることがわかる。

平面から直線 OA を除いた部分は，直線 OA を境に二つの部分に分けられる。そのうち，点 B を含む部分を D_1，含まない部分を D_2 とする。また，平面から直線 OB を除いた部分は，直線 OB を境に二つの部分に分けられる。そのうち，点 A を含む部分を E_1，含まない部分を E_2 とする。

・$0 < t < \dfrac{\boxed{\text{ク}}}{\boxed{\text{ケ}}}$ ならば，点 Q は $\boxed{\text{ス}}$。

・$\dfrac{\boxed{\text{ク}}}{\boxed{\text{ケ}}} < t < 1$ ならば，点 Q は $\boxed{\text{セ}}$。

$\boxed{\text{ス}}$，$\boxed{\text{セ}}$ の解答群（同じものを繰り返し選んでもよい。）

⓪ D_1 に含まれ，かつ E_1 に含まれる　　① D_1 に含まれ，かつ E_2 に含まれる

② D_2 に含まれ，かつ E_1 に含まれる　　③ D_2 に含まれ，かつ E_2 に含まれる

(3) 太郎さんと花子さんは，点 P の位置と $|\overrightarrow{OQ}|$ の関係について考えている。

$t = \dfrac{1}{2}$ のとき，①と②により，$|\overrightarrow{OQ}| = \sqrt{\boxed{\text{ソ}}}$ とわかる。

太郎：$t \neq \dfrac{1}{2}$ のときにも，$|\overrightarrow{OQ}| = \sqrt{\boxed{\text{ソ}}}$ となる場合があるかな。

花子：$|\overrightarrow{OQ}|$ を t を用いて表して，$|\overrightarrow{OQ}| = \sqrt{\boxed{\text{ソ}}}$ を満たす t の値について考えればいいと思うよ。

太郎：計算が大変そうだね。

花子：直線 OA に関して，$t = \dfrac{1}{2}$ のときの点 Q と対称な点を R としたら，

$|\overrightarrow{OR}| = \sqrt{\boxed{\text{ソ}}}$ となるよ。

太郎：$\overrightarrow{OR}$ を $\overrightarrow{OA}$ と $\overrightarrow{OB}$ を用いて表すことができれば，t の値が求められそうだね。

直線 OA に関して，$t = \dfrac{1}{2}$ のときの点 Q と対称な点を R とすると

$\overrightarrow{CR} = \boxed{\text{タ}}\,\overrightarrow{CQ}$

$\qquad = \boxed{\text{チ}}\,\overrightarrow{OA} + \boxed{\text{ツ}}\,\overrightarrow{OB}$

となる。

$t \neq \dfrac{1}{2}$ のとき，$|\overrightarrow{OQ}| = \sqrt{\boxed{\text{ソ}}}$ となる t の値は $\dfrac{\boxed{\text{テ}}}{\boxed{\text{ト}}}$ である。

チャレンジ問題

ア	イ	ウ	エ	オ	カ	キ	ク	ケ	コ	サ	シ

ス	セ	ソ	タ	チ	ツ	テ	ト

3 2021 年共通テスト

1 辺の長さが 1 の正五角形の対角線の長さを a とする。

(1) 1 辺の長さが 1 の正五角形 $OA_1B_1C_1A_2$ を考える。

$$\angle A_1C_1B_1 = \boxed{\text{アイ}}{}^\circ$$

$$\angle C_1A_1A_2 = \boxed{\text{アイ}}$$

となることから，$\overrightarrow{A_1A_2}$ と $\overrightarrow{B_1C_1}$ は平行である。ゆえに

$$\overrightarrow{A_1A_2} = \boxed{\text{ウ}}\,\overrightarrow{B_1C_1}$$

であるから

$$\overrightarrow{B_1C_1} = \frac{1}{\boxed{\text{ウ}}}\,\overrightarrow{A_1A_2}$$

$$= \frac{1}{\boxed{\text{ウ}}}\,(\overrightarrow{OA_2} - \overrightarrow{OA_1})$$

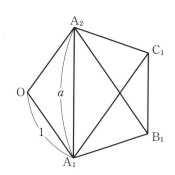

また，$\overrightarrow{OA_1}$ と $\overrightarrow{A_2B_1}$ は平行で，さらに，$\overrightarrow{OA_2}$ と $\overrightarrow{A_1C_1}$ も平行であることから

$$\overrightarrow{B_1C_1} = \overrightarrow{B_1A_2} + \overrightarrow{A_2O} + \overrightarrow{OA_1} + \overrightarrow{A_1C_1}$$

$$= -\boxed{\text{ウ}}\,\overrightarrow{OA_1} - \overrightarrow{OA_2} + \overrightarrow{OA_1} + \boxed{\text{ウ}}\,\overrightarrow{OA_2}$$

$$= \left(\boxed{\text{エ}} - \boxed{\text{オ}}\right)(\overrightarrow{OA_2} - \overrightarrow{OA_1})$$

となる。したがって

$$\frac{1}{\boxed{\text{ウ}}} = \boxed{\text{エ}} - \boxed{\text{オ}}$$

が成り立つ。$a > 0$ に注意してこれを解くと，$a = \dfrac{1+\sqrt{5}}{2}$ を得る。

(2) 下の図のような，1 辺の長さが 1 の正十二面体を考える。正十二面体とは，どの面もすべて合同な正五角形であり，どの頂点にも三つの面が集まっているへこみのない多面体のことである。

面 $OA_1B_1C_1A_2$ に着目する。$\overrightarrow{OA_1}$ と $\overrightarrow{A_2B_1}$ が平行であることから

$$\overrightarrow{OB_1} = \overrightarrow{OA_2} + \overrightarrow{A_2B_1}$$

$$= \overrightarrow{OA_2} + \boxed{\text{ウ}}\,\overrightarrow{OA_1}$$

である。また

$$|\overrightarrow{OA_2} - \overrightarrow{OA_1}|^2 = |\overrightarrow{A_1A_2}|^2 = \frac{\boxed{\text{カ}} + \sqrt{\boxed{\text{キ}}}}{\boxed{\text{ク}}}$$

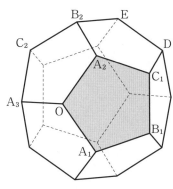

に注意すると

$$\overrightarrow{OA_1} \cdot \overrightarrow{OA_2} = \frac{\boxed{\text{ケ}} - \sqrt{\boxed{\text{コ}}}}{\boxed{\text{サ}}}$$

を得る。

ただし，$\boxed{\text{カ}} \sim \boxed{\text{サ}}$ は，文字 a を用いない形で答えること。

次に，面 $\mathrm{OA_2B_2C_2A_3}$ に着目すると

$$\overrightarrow{\mathrm{OB_2}} = \overrightarrow{\mathrm{OA_3}} + \boxed{\text{ウ}}\,\overrightarrow{\mathrm{OA_2}}$$

である。さらに

$$\overrightarrow{\mathrm{OA_2}} \cdot \overrightarrow{\mathrm{OA_3}} = \overrightarrow{\mathrm{OA_3}} \cdot \overrightarrow{\mathrm{OA_1}}$$

$$= \frac{\boxed{\text{ケ}} - \sqrt{\boxed{\text{コ}}}}{\boxed{\text{サ}}}$$

が成り立つことがわかる。ゆえに

$$\overrightarrow{\mathrm{OA_1}} \cdot \overrightarrow{\mathrm{OB_2}} = \boxed{\text{シ}}$$
$$\overrightarrow{\mathrm{OB_1}} \cdot \overrightarrow{\mathrm{OB_2}} = \boxed{\text{ス}}$$

である。

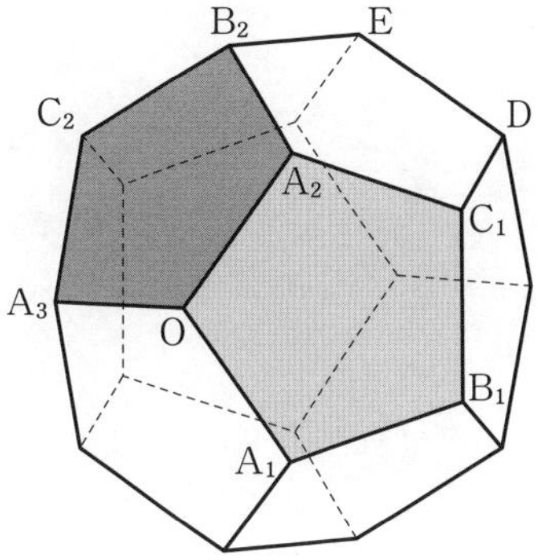

$\boxed{\text{シ}}$，$\boxed{\text{ス}}$ の解答群（同じものを繰り返し選んでもよい。）

⓪ 0 ① 1 ② -1 ③ $\dfrac{1+\sqrt{5}}{2}$

④ $\dfrac{1-\sqrt{5}}{2}$ ⑤ $\dfrac{-1+\sqrt{5}}{2}$ ⑥ $\dfrac{-1-\sqrt{5}}{2}$ ⑦ $-\dfrac{1}{2}$

⑧ $\dfrac{-1+\sqrt{5}}{4}$ ⑨ $\dfrac{-1-\sqrt{5}}{4}$

最後に，面 $\mathrm{A_2C_1DEB_2}$ に着目する。

$$\overrightarrow{\mathrm{B_2D}} = \boxed{\text{ウ}}\,\overrightarrow{\mathrm{A_2C_1}} = \overrightarrow{\mathrm{OB_1}}$$

であることに注意すると，4 点 O，$\mathrm{B_1}$，D，$\mathrm{B_2}$ は
同一平面上にあり，四角形 $\mathrm{OB_1DB_2}$ は
$\boxed{\text{セ}}$ ことがわかる。

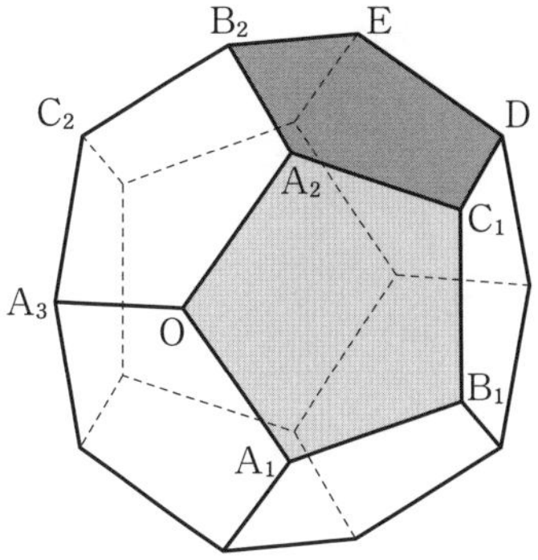

$\boxed{\text{セ}}$ の解答群

⓪ 正方形である

① 正方形ではないが，長方形である

② 正方形ではないが，ひし形である

③ 長方形でもひし形でもないが，平行四辺形である

④ 平行四辺形ではないが，台形である

⑤ 台形でない

ただし，少なくとも一組の対辺が平行な四角形を台形という。

チャレンジ問題

ア	イ	ウ	エ	オ	カ	キ	ク	ケ	コ	サ	シ	ス	セ

ベクトル 短期学習ノート

● 編　者　　実教出版編修部

● 発行者　　小田　良次

● 印刷所　　株式会社加藤文明社印刷所

● 発行所　　実教出版株式会社

〒102-8377
東京都千代田区五番町5
電話＜営業＞(03)3238-7777
　　　＜編修＞(03)3238-7785
　　　＜総務＞(03)3238-7700
https://www.jikkyo.co.jp/

002302023　　　　　　　　　　ISBN 978-4-407-35957-2